人生找不到方向，那就走向自己

［日］东畑开人 著

闻婧 译

文匯出版社

图书在版编目（CIP）数据

人生找不到方向，那就走向自己 /（日）东畑开人著；闻婧译. -- 上海：文汇出版社，2025.9. -- ISBN 978-7-5496-4564-0

Ⅰ. B821-49

中国国家版本馆CIP数据核字第2025LZ4546号

NANDEMMO MITSUKARU YORU NI, KOKORODAKEGA MITSUKARANAI
by TOWHATA Kaito
Copyright © Kaito Towhata 2022
Original Japanese edition published in 2022 by SHINCHOSHA Publishing Co., Ltd.
Chinese translation rights in simplified characters arranged with SHINCHOSHA Publishing Co., Ltd. through BARDON CHINESE CREATIVE AGENCY, Hongkong.
Simplified Chinese translation copyrights © 2025 by Dook Media Group Ltd.,China.

中文版权 © 2025 读客文化股份有限公司
经授权，读客文化股份有限公司拥有本书的中文（简体）版权
著作权合同登记号：09-2025-0454

人生找不到方向，那就走向自己

作　　者 /	［日］东畑开人
译　　者 /	闻　婧
责任编辑 /	钱　斌
特约编辑 /	李　燃
封面设计 /	王　晓　　汪　轲
内文插画 /	王　晓
出版发行 /	文汇出版社
	上海市威海路755号
	（邮政编码 200041）
经　　销 /	全国新华书店
印刷装订 /	河北中科印刷科技发展有限公司
版　　次 /	2025年9月第1版
印　　次 /	2025年9月第1次印刷
开　　本 /	880mm×1230mm　1/32
字　　数 /	160千字
印　　张 /	7.25
ISBN 978-7-5496-4564-0	
定　　价 /	59.80元

侵权必究
装订质量问题，请致电010-87681002（免费更换，邮寄到付）

前 言

小船与海潮声

当心理诊疗结束,送别患者后,我会抽一会儿烟。距离下一个诊疗只有十分钟,我快步返回办公室,径直走向了阳台。我打开电子烟开关,吸入味道寡淡的水蒸气,吐出烟圈,小憩片刻。这是我在诊疗与诊疗之间的切换仪式,不,老实说是坏习惯吧。

从阳台望去,眼前是东京的街道。近处小栋的公寓林立,左侧有寺庙与墓地,右侧能看见设有健身房的商住楼。远处,一座座大厦耸立在这些建筑的后方,每到夜晚,灯火便闪烁如星河。

眼前的建筑虽然都有窗户,可内部几乎什么都看不见。窗户那里通常垂着百叶窗或是窗帘,且太远的窗户在视野里小如米粒,完全看不清。

有时,人们会打开那些窗户,来到阳台,他们穿着睡衣、家居服甚至裸着上半身，有的晾衣服，有的给植物浇水，也有的像我一样抽烟。

我们会不经意地目光交汇。那真是尴尬的瞬间。我急忙瞥向别处，对方也同样。因此，即使距离再近，我们也永远是陌生人。

这种时候，我总会意识到一件再平常不过的事：

> 隔着那些数不清的窗户，有着一个个数不清的小房间。
> 数不清的人在那里生活着，工作着，爱着。
> 大家经营着各自截然不同的人生。

想到这里，我眼中的东京街道忽然变了模样。

蓝天之下，无数的小房间悠悠地飘浮起来。我自身也处在其中的一个房间里。

这场景，简直就像小船漂浮于无边无际的海洋。每个人都有着不同的航海路线，散落开来，人渺小得像一个点。

不仅是东京，我曾经生活过的那霸和京都也是如此。我想，我从未长住过的福冈、八户、波士顿和首尔也不会不同吧。

此刻，我们就活在这样无数只小船漂来浮去的世界里。

我们各自的小船，时而相连，时而分离，本质都是孤零零地被放逐于此。

这便是这本书的初始风景。

*

自我介绍来迟了。我叫东畑开人，在某个飘浮于东京的小房间里，以心理咨询师的身份开设着一家诊疗室。

从山手线上的某个新站徒步差不多十分钟，就到了我的工作室。据说这一带在很久之前是寺庙聚集地，至今仍留存着许多寺庙和墓地。老旧的商店街里有古早的面包店、昭和风的咖啡馆以及神秘的时装店，工作室所在的楼房就静立在其中一角。

工作室共有两个房间。

一间是摆设了电脑的办公室，我通常在这里整理诊疗记录、账本以及各类稿件。这里杂乱无章，说实话，绝对是没法见人的。抽烟的阳台也只连接着这个房间。

另一间则是诊疗室，这里摆放了我坐的绿椅子和患者坐的灰沙发。此外，我还为想躺下的患者准备了一张偏长的蓝沙发。除此之外，房间里只剩下矮书架和一个小小的榕树盆栽，布置非常简单。虽然我不擅长打扫和收纳，但也会尽力用吸尘器清理好这个房间。

我现在39岁，作为心理咨询师，正是被称为"中坚青年"的年纪，我想其他行业也是如此吧。

我从22岁开始接受相关训练，25岁取得了执业资格证。如果算上担任学校心理顾问和作为心理咨询师入职医院的履历，我从事这份职业已经十五年有余。

39岁，所谓的中坚级心理咨询师。

我不再是新人了，却也远远称不上是专家，抗压挑战倒是接连不断。

我渐渐意识到自己无法成为年少时憧憬的那种传奇心理咨询师。经过漫长的教育与培训，我也并没有像师长那般将学识运用得如魔法一般。我啊，作为心理咨询师，似乎永远无法摆脱平庸。

说是"永远"，可我也不像专家那样拥有安稳的地位。我没有任何保障，也完全描绘不出自己五年后或是十年后的模样。为了生存，只能不断划桨来推动我的小船。

不仅如此，由于体力的衰退，我越来越难以应付细致的文书工作。眼看着年轻又优秀的后辈崭露头角，前辈们也宝刀未老，我似乎在谁面前都抬不起头，独属于中坚阶层的困境真是一言难尽。

虽然这些略显悲观的话发自真心，但我也有其他更隐秘的感受。大声宣扬或许会让新人和专家们不悦，但至少，请允许我陈述。

中坚青年期，其实正处于黄金期吧。

这段时期确实是在重压之下，但或许并不坏。

三四年前，我意识到自己已经步入中坚青年期。年轻时那种一边接触新事物一边爬坡的感觉渐渐消失，取而代之的是日复一日的临床工作。

患者来到我面前，对我倾诉一些事情。我仔细聆听，将内心所感告知他们。这便是我的日常生活。在某一刻，我蓦然发现，自己的内心相较从前已经有所不同。

他们并非与我无关。

聆听他人倾诉时,我的内心会如此说道。他们所述说的痛苦,勾起了我内心深处的共鸣。

请不要误会,我并非在炫耀自己与患者达成了灵魂深处的交流。

我想说的是,那些令患者煎熬的苦恼,其实反映着这个时代、这个社会的艰难。透过患者的话语,我能听见他们与社会摩擦的声音。它们如同海潮声一般,与我航行时的摩擦声形成了共振。

我与形形色色的患者来往,既有小孩,也有大人和老年人。大家的性别、认知、性取向与职业不同,咨询的内容更是千差万别。

因此,我并非总能第一时间明白他们的话语。他们会说出我这辈子都不会经历,甚至无法想象的事情。说实话,大部分的咨询都是这一类。

可是,我们总会在某处产生相同的感触。毕竟我们生活在同一个时代、同一个社会里。

诚然,这个社会有着很强的割裂感,每个人都生活在错综复杂的分界线之间。在阳台透气时险些眼神交汇的邻居永远是陌生人,我们的社会正是由这些被分界线分割成的碎片拼凑而成。

即便如此,我在聆听患者的故事时,仍然能在那些"患者"的苦恼深处听见"大家"的苦恼,这是因为个人的苦恼总与社会的苦恼交缠在一起。

例如,有一位七十来岁的单身女性资本家正为自己与儿子、儿媳的关系发愁。当她完成财产相关的生前赠予手续后，儿媳越来越频繁地拒绝与自己来往，她与孙子的见面机会也因此骤减。她向儿子提出了不满，却只得到敷衍的回应。

我不曾经历这样的苦恼，今后大概也不会。

然而当她来到我的小诊疗室，坐在那张灰沙发上说出"我可能被儿子背叛了。那样一来，我就真的孤身一人了"时，坐在绿椅子上的我顿生感慨：

这是她的苦恼，亦是我的苦恼。

不，或许这是"大家的苦恼"吧。

同样，想换工作却屡屡碰壁的40岁职员懊悔不已地对我说："我知道，自己已经是想跳槽也没资格的人了，都怪我搞错了前十年的活法。"去不了学校的女高中生哭诉着："大家都觉得我这种人不在了更好，我好讨厌自己。"害怕被他人讨厌而时刻小心翼翼的职业女性鼓起勇气反击了丈夫："我讨厌你说的那些话，那让我很受伤。"

我在诊疗室里聆听了无数故事。不知不觉中，我开始坚信：

这是他们的苦恼，亦是我的苦恼。

没错，这就是"大家的苦恼"。

上述几位患者倾诉了来自家庭、职业、自尊心以及伴侣的问题。他们怀揣着不同的问题，身处不同的境遇，为不同的事情而痛苦着。

可是一旦深入体会他们的痛苦，就会听见相似的呼救。

没错，他们都认为自己即将"孤身一人"。

意识到自己遭到了儿子的背叛，懊悔自己30岁时选错了活法，对自己产生了厌恶，正视重要的人对自己做了过分的事……在那些时刻，他们变成了无依无靠的小船，独自被放逐在茫茫大海之上。

此刻，我们正活在极度容易感到孤独的社会里。

现在的社会，已经完全不同于我读高中时的社会。

这二十年里，本该为人们筑起保护网的社会结构逐渐崩坏，本该坚实的社会也不再稳定，仿佛融化成了汹涌无常的大海。我们只能依靠脆弱不堪的小船，在这样的社会里艰难航行。

人人皆为小船，无论是遇难，还是沉没，都得后果自负。再牢靠的关系都有可能断裂，小船们只能独自求生。

当然，这也意味着社会变得"自由"了。既然是小船，自然能自己决定航线。从这方面来说，也有很多好处。只不过，一旦发生变故，就会意识到一件事：

那样一来，我就真的孤身一人了。

年轻时听不见来自社会的海潮声。步入中坚青年期后，那声音很自然地传进了我的耳朵里。

这大概是因为我总算稍稍触碰到了所谓的人间、世道，即这个社会。

我在积累临床经验的过程中，与形形色色的患者相遇，与此同时也在不断克服着自身的生存挑战，试图探索我们活在怎样的时代。这个过程中触碰到的答案，令我终生难忘。

这激发了我的想象力。我渐渐发觉患者们所倾诉的痛苦中，包含着潜伏于这个社会的痛苦，我看见了这个自由而残酷的社会给人们带来的伤痕。而另一方面，人们带着创伤也努力生存的模样，也令我相信这样的社会依旧存在着温柔的部分。

于是，我学会了依照社会现实进行关于"心"的思考，并开始将心理诊疗视作平凡的存在。年少时梦想成为的心理咨询师是那样帅气，如今也只能选择向现实妥协。我虽为此沮丧，但步入中坚青年期后自然会明白，恰恰是平凡里蕴藏着支撑人生的力量。

我认为中坚青年期的心理咨询师正处于黄金时期的原因就在于此。

诊疗室里进行的只是极其渺小的工作。直面"某人的心"这一最小单位的对象，助其发生哪怕一点点的改变，相比"GDP"或是"温室效应"那些庞大的词语，我的工作简直不值一提。

不过，知晓了自己所聆听的问题亦是"大家"的苦恼后，诊疗这一渺小的工作，在我心中开始与偌大的社会息息相关。

何为中坚？我想，是认识到心与社会如何深刻相连时的你。

*

被放逐在茫茫大海上的小船们——

从诊疗室的阳台望去,社会呈现出如此的景象。

那么,作为心理咨询师,必须提出以下疑问:

小船该如何找到方向,如何继续航海?

换言之,在这自由而残酷的社会里"该如何生存"?

这便是本书的主题。

这也是关联着当今时代及社会的大难题。想找到答案,自然是不容易的。

所以,我想借助你的力量。

请坐在那边的灰沙发上。

没错,我想与你一起思考你的心和你这只小船的去向,这将使我们一起找到答案。

容我重申一遍,我是心理咨询师,我的工作就是听你倾诉,哪怕只是微不足道的小事。陪伴患者理清那些极其私人而具体的事情,是我维持生计的途径。

因此,我想用我最熟练的方式助你前进,我想将诊疗室里的流程应用于你。

当然,做法不会完全相同。诊疗室里通常会有两个人,彼此进行感情交织,从而撼动心灵,这是强力模式。

而此刻，我们身处不同的房间里，我听不见你的声音，你也听不见我的声音。

可是我写下的文字也并非完全无力，言语会在心上勾勒出辅助线，帮助你整理自己的内心，看见焕然一新的世界。

如果有越来越多的人像这样倾听与关注自己的心，我们一定能在这个艰难的社会中找到一丝缝隙。

*

好了好了，准备就绪了？那一起来航海吧。

请坐在灰沙发上，看向窗外。

你应该能看见东京的街道吧。地上铺着密密实实的柏油，坚硬的高楼大厦直指天空，巍峨耸立。

不，不对。你应该会看见你生活的街道——那包围着你的坚硬而一成不变的风景。

若是久久地凝视着那里，视野会渐渐变得模糊。这个过程是怎么样的呢？视线的焦点缓缓淡去，轮廓越发暧昧，各种色块也交融起来。

原本坚硬的建筑开始糊作一团。学校、公司以及那条走过无数次的回家路都扭曲变形，你生活的街道乃至你的世界都随着眼前熟悉的风景，一同化作了液体。

接着，夜幕降临了。

试着闭上眼吧。

好,可以睁开眼了。

你来到了大海的正中心,这里是一望无际的海洋。此时正是深夜,月亮朦胧地映在天际,微热的风吹拂着你。

灰色小船轻飘飘地在海面上浮动,你孤身一人被放逐在这里。

不,不对。请看这边。或许因为周围太暗,你看不太清,但我就在这里,乘着绿色小船,漂浮在你的附近。

我是你的辅助船。

那么,去哪儿呢?

总之,先扬起帆,试着划桨吧。

向着清晨,开始夜晚的航行吧。

胡思乱想的夜晚,唯独看不清自己的心。

目 录

○ 前　言　**小船与海潮声** / 1

第一章　**活法不止一种**
　　　　处方与辅助线　/ 003

第二章　**心不是单一整体**
　　　　马与骑手　/ 019

第三章　**人生不是单一模式**
　　　　劳动与爱　/ 047

○ 插　曲　**围着篝火**
　　　　我为何成为心理咨询师　/ 069

(第四章) **关联是多样的**
共享与私密Ⅰ　/ 081

(第五章) **关联谱写故事**
共享与私密Ⅱ　/ 103

(第六章) **保护心灵的方式不止一种**
畅快感与烦闷感　/ 139

(第七章) **幸福不止一种**
积极与消极，纯粹与不纯　/ 163

◇ 后　记　　**付出时间** / 210

胡思乱想的夜晚,唯独看不清自己的心。

第一章

活法不止一种 处方与辅助线

虽说是夜晚,但微风舒爽,海浪也温柔。或许你想趁着这时候航行得更远一些,不过,暂且先把帆收起来吧。

在航海正式开始前,我想再做一些准备。

这会是一段很长的旅途,毕竟我们需要渡过夜晚的茫茫大海。如果船只在途中迷航或失事就麻烦了,所以,做好周全的准备吧。

接下来,我将明确地分配好你我的职责。

▎何为夜航大海

人生路漫漫,时常感到迷失是不可避免的。

明明上一秒还在过着正常的生活,转瞬就有可能掉进坑里。

例如工作时犯下大错,伴侣坦言想分开,家庭矛盾激化,等等。看似平淡的日常生活,其实很轻易地就会支离破碎。

即使没有发生大变故,生活也可能因为琐碎的事情而脱轨。

例如在小事情上失败而失去自信，因偶然的误会而失去对他人的信任……这些失意一旦累积，就会打乱生活的节奏，最终让你失去对未来的期望。你会看不清自己身处何处，要去往何方。

深层心理学奠基人之一的荣格将这段所有人都可能遭遇的危机时期称为"夜航之旅"，因为这种时候的我们就像无依无靠的小船，不得不在夜晚危机四伏的海上航行。

你应该经历过这样的时期，也可能正在经历这一时期。

夜航之旅往往开始得猝不及防，独自被放逐在黑夜中的你，必须摸黑探索人生。

无依无靠的小船想要继续航行，适当的辅助是不可或缺的。

坦白说，此时的辅助方式仅有两种。这也是下文的重点。

航海的辅助方式①　心灵处方

你知道书店里会设置"夜航之旅专区"吗？

当然，并不是某个区域被实际标明了这个名称，但书店里确实存在着面向夜航之人的书架。

那便是摆放着生活指南、心理自助以及自我提升这类书籍的书架，心理学和宗教学相关的书籍专区通常也会设置在附近。

这些书的主题一般会聚焦于心态调整方式以及个人活法。

有的书说"要积极看待事物"，也有的书说"要接受自己的消极"；有的书说"要感恩身边的人"，也有的书说"要活出自我风采"。

这些书的内容不同，但它们都可以成为指南针，可以像黑夜里的灯塔一般告诉你："朝着那个方向前进就好。"

这是相当有益的。

当你置身于夜航之旅，感到不知所措时，若是望得到照亮前路的灯塔，自然会涌出力量。只要弄清方向，便只剩下奔赴了。

我们称其为"心灵处方"。

心灵处方会为迷失方向的你指明目标。

这就是辅助你夜航大海的第一个方式。

处方的局限性

当然，"心灵处方"并非只有书籍这一个载体。上网一搜，各种建议应有尽有。除此之外，试着向朋友倾诉烦恼，应该也能从他们的人生经验中找到某种解决方式。

只不过，这些处方往往存在局限性。毕竟并非所有处方都适合用来治疗你。

比如，有的人会因为"积极看待事物"的鼓励而得救，也有的人会因此陷入更糟的处境。

再如"接受自己的消极"这一建议，有时会给人带来光亮，有时也会将人推入更迷茫的黑暗中。

很不可思议吧。

假如你患上了中耳炎，医生会开处方让你"吃抗生素"，这样一来，病情基本都会好转。

可是，心灵处方并非如此。

受不同人、不同时期的影响，同一心灵处方可能有效，也可能无效，甚至还可能有害。

因为疗愈心灵与治愈身体是不同的。

治愈身体时，我们期待的是身体从异常状态恢复到正常状态，例如接回断骨、清除体内病菌等。当身体回到生病前的状态，我们会说"治好了"。

可疗愈心灵是不同的。例如因为过度工作患上抑郁症时，就算通过治疗恢复到之前的状态，患者还是有可能再次过度工作而病倒。要想将心治好，必须让患者领悟到不同的工作方式，即帮助他安装一种新的活法。

可是安装什么样的活法才叫"好"呢？答案因人而异，难就难在这里。

每个人的症结不同，生存环境也不同。若是谈起迄今为止的人生，更是天差地别。因此，讨论"如何活下去"时必须 case by case[1]，不存在适用于所有人的"好的活法"。正因如此，"夜航之旅专区"里才会有那么多写着完全不同建议的书。活法不止一种，并且随着时代变迁，数量越来越多，时至今日，旨在为更多人提供处方的新书仍在持续问世。

那么，该怎么办呢？难道想找到最适合自己的处方，只能不断

---

1 指具体情况具体分析。

翻阅各种书籍吗？

当然不是。夜航大海还有另一种辅助方式。

为了让你习得这个方式，我想先分享一下诊疗的真实案例。

安全港口

某天，一位四十多岁的女性预约了诊疗。她结婚十年，有一个正在上小学的儿子，丈夫忽然提出离婚，令她陷入了极度的慌乱。

"他爱上其他人了吗？我做错了什么？还能重来吗？不对，我自己也有收入，干脆就这样分开更好吧。可是，该怎么向孩子解释呢？父母会不会责备我婚姻失败……"

她就像刚被抛进夜航之旅一样。消极的念头接二连三地涌上心头，令她饱受折磨。

在我看来，她就像一只挣扎着想要逃离旋涡的小船，反而越发被吸向了旋涡的中心。

于是我对她说："试着休息一阵子吧，那样能帮助你冷静地考虑对策。"

接着我进一步提出了建议，包括请她去医院检查、向同事或是朋友寻求帮助等，并详细叮嘱了她休息时该做什么与不该做什么。

这相当于为她指明小船的航行方向。

我开出的处方是暂且前往最近的安全港口避难。不过，这仅仅是应急措施。

人生难题

继续上文的案例。

她先是休息了两周（她是一家小公司的老板，优秀的员工们为此付出了很大努力），住在附近的哥哥一家也赶了过来，帮她一起照顾孩子。

她每天大部分时间在床上度过，阅读曾经喜欢的漫画消磨煎熬的时间。

两周后，她的情绪已经平复了很多，因此决定复工。她说，这样似乎更好。

"工作可以分散注意力。"

那之后，她开始定期接受诊疗。她会和我分享近况，询问我如何减轻不安感。我负责开处方，她负责实践，有时顺利，有时也会遇见挫折。

虽然她的思维逻辑依然偏向消极，但她也意识到了并非一切都会立刻崩塌。渐渐地，不安情绪的蔓延也得到了控制。她磕磕绊绊地回到了正常生活的状态，找回了冷静思考的能力。

看来那些处方确实起效了，我不由得长舒一口气。

然而，这已经是处方效果的极限。

她的问题并没有完全被解决，未来她需要考虑和着手安排的事情堆积如山。

她和丈夫的关系该怎么处理？为何会变成这样？说到底，丈夫在她的世界里究竟是个什么样的角色?

"我今后该如何活下去?我该追求什么,实际上又需要什么呢?为什么我会走到这一步?"

这些都是横跨人生的难题,没有公认的正确答案,即使有,也毫无用处。因为她必须找到属于自己的结论,谱写出能让自己认可的故事。

在安全港口休整片刻,她不得不起航了,在漆黑的海上划着桨,一边前行一边探索属于自己的航线。

▌管理与疗愈

在继续她的故事前,我们先暂停整理一下。

诊疗通常由两个时期组成。

其一是从慌乱状态过渡到安全港口的避难阶段。专家们将这一时期称为"管理",此时,处方能够很好地帮助患者重整状态。

其二是离开安全港口,启程夜航的阶段。这一时期被称为"疗愈",患者将在黑暗中摸索属于自己的人生目的地。

当然,管理与疗愈并不是割裂的,而是相互交织的。

漫长的夜航之中,人们会无数次地向安全港口停靠,而在安全港口调整状态时,人们同样会更深入地认识自己。

此刻,你所需的究竟是管理还是疗愈?帮助你细致区分、精准掌舵就是心理咨询师的工作。

"绝不轻易伤害自己与他人"是管理阶段为了确保最低限度的安全而设定的目标，相应的处方也极其有效。患者陷入慌乱时，若是有人代替他们判断短期内的方向，压力就会减轻很多。

一旦确保最低限度的安全，其实就有不少患者能凭借自己的力量处理问题了，毕竟在问题爆发之前，他们一直都料理着自己的人生。

但有时也需要更多的干涉。

当患者需要重新审视迄今为止的人生并摸索出一种全新的活法时，就轮到疗愈出场了，患者必须直面真实的自己。

那么，再一次回到之前介绍的案例吧。

何为疗愈

情绪平复后的她，开始了疗愈之旅。

在管理阶段时，我们主要围绕着眼前的困境对话；而进入疗愈阶段后，她能想到的一切都会成为话题。成长历程、平日里的人际关系甚至是心血来潮的念头等，为了认识自己的心灵，我们会深入地挖掘私人话题。

随后的某天，她说到了自己的梦，并非关于将来的梦想，而是睡梦。不知不觉就聊到看似不现实且无意义的内容，这正是疗愈的特征。

"我梦见不认识的男人送来一个小包裹，想着是什么呢，打开一看,居然塞满了漂亮的玻璃碎片。我一不小心就割伤了手指。血怎么都止不住,很疼。可是,我总觉得包裹里还有其他东西,便找个不停。"

真是奇妙的梦。她说,那个梦特别真实,即使醒来以后,不安感依然非常强烈。

听到这里,我想起了她上一次诊疗提到的事情。那天,她说丈夫久违地联系了自己。

当时丈夫所说的话,正是"玻璃碎片",乍听之下是体面话,其实深深伤害到了她。因为言语之间完全没有顾及她的感受。

这让她非常恼火。

"太过分了,让他去死好了。"

她绝望于眼前只剩分开的选择,抛下了狠话。

那个梦,诉说的正是她在上次诊疗时没能坦言的想法。如此想着,我回答了她:

"我想到了上一次的诊疗。当时,你正巧受到了来自丈夫的伤害,你看起来很绝望。我知道你发泄的是真心话,可梦里的你似乎还在寻找与他之间仅存的美好。"

她的心里似乎存在着两个自己。因此,我试着在她的心里拉了一条辅助线。

她稍稍沉默了一会儿,眼睛便红了。接着,小声嘀咕起来:

"真奇怪啊……明明只剩玻璃碎片了。"

我等待着她的下一句话。

"可是,某一部分的我还是想继续相信他……所以,很痛苦。"

▌航海的辅助方式② 心灵辅助线

心灵辅助线——这是夜航大海的另一种辅助方式。

所谓辅助线,就是一种处理复杂图形的技巧,你或许曾经在数学课上学到过。

例如某题需要求出一个五边形的面积,因为五边形的形状不规则,初看时会觉得无从下手。

然而,一旦挥手画出一条辅助线,五边形就成了三角形与四边形的组合。

此时,只要算出三角形和四边形各自的面积,再相加,便能得到五边形的面积。

先将复杂的事物拆分成简单的形状,再将它们重新组合,这就是辅助线的作用。

心灵辅助线也是如此。这是整理复杂心灵的技巧。

这个案例中,心灵辅助线拆分了她对丈夫的复杂情感。收到丈夫联络后内心动摇的她,分裂成了"受伤绝望的"和"还想继续相信他的"两个她。

她憎恨着自私的丈夫,同时又还爱着他,这是她痛苦的根源。正是辅助线让我看清了她现在的处境。

"拆分"意味着"了解"。用辅助线拆分复杂的内心后,想着什么、为何纠结的答案都会变得清晰起来。

上文中我将处方比喻成了灯塔,因为它能为慌乱的人指明方向、照亮目标,那么辅助线大概是像手电筒一样的存在吧,它的光芒并非射向远方,而是洒在了周围。

手电筒微微照亮了潜藏于小船上和附近海域里的东西。

"了解"也伴随着痛苦,毕竟这要求患者正视与思考自己一直试图逃避的一部分。

事实上,当她发觉自己心中残存的爱意后,感到更苦恼了。倒不如尽早与对方做个了断,这样能卸下包袱变得轻松。

即便如此,直面内心仍然是有价值的。

因为这扩展了心的容量。患者会因此思考此前从未想过的事情,尝试与之前因抗拒而屏蔽的某种感受共存。

这样一来,对现实的恐惧会渐渐减少,患者将从中获得勇气,去挑战一度否定过的生活方式。她开始变得能够消化自己对丈夫那种复杂的情感,每消化一点,对于自己和世界的认知都会刷新一点。

这个重复的过程便是疗愈。通过疗愈,我们就能找到属于自己的人生航线。

需要处方,还是辅助线?

接下来,我要与你一起启程夜航了。

你已经认识夜航的两种辅助方式了吗？

一种是处方，处方会成为照亮前路的灯塔。

另一种是心灵辅助线，那是照亮你和你周围的手电筒。

二者没有优劣之分。

正如诊疗过程中会根据时间与状况选择管理或者疗愈那样，不同局面的人生所需的辅助方式也不同。

如何判断？这需要"case by case"。

这取决于当下的你。

现在，你更需要的是处方，还是辅助线？

有答案了吗？一起来想想吧。

这个问题很难吧。

你是不是既希望处方清楚地告诉你该如何生活，又想借助辅助线慢慢地摸索适合自己的活法？

那么，不如换个角度考虑吧。

此刻的你，更想去安全港口避难，还是为了寻找目的地而启程夜航？没错，我将问题替换成了"更需要管理还是疗愈"。

或许，这样问依旧很难回答吧。毕竟当局者迷，自己往往很难看清自己的状况。

不过没关系，你没有必要立刻作答。

这个问题的意义，在于引导你辩证地探索自身的需求。

没错，"处方与辅助线"的抉择本身就相当于第一条辅助线。

思考"需要处方,还是辅助线"时,你会渐渐看见两个自我,这正是为一团乱麻般的自己画出了一条辅助线。在此基础上,进一步分辨两个自我各占多少比例,以及理想的比例又是多少。

这样一来,你或许会鼓起一些勇气,向逃避至今的某些事物伸出手。

接下来,我想和你进行一些其他的尝试。

我的小船上有一个袋子,里面装着六根棒状物,分别写有不同的文字:

马与骑手
爱与劳动
共享与私密
畅快感与烦闷感
积极与消极
纯粹与不纯

我要做的是从这六条辅助线中抽出必要的那一条,并说明其含义。

而你要做的是试着在自己的心里画出那一条辅助线。在此过程中,你应当充分感受自己的纠结,细致地判断自己需要什么、不需要什么。

一边航行,一边摸索航线,最终找到属于自己的活法。

这就是"夜航大海"的方式。

热身做得如何了呢?
关于辅助线,说得再多,都不如实际画出来有用。
扬起帆来!
正式开始夜航大海吧。

夜晚的风真是沁人心脾啊！你对小船的操控熟练了一些吧？调整船帆的动作看起来像样了不少。

说起来，明明感觉畅通无阻，可无论怎么航行，眼前的景象还是一成不变的海。前行，不断前行，仍然身处一成不变的夜。世界只剩海洋和夜晚。

究竟有在前进吗？抑或只是在原地绕圈？就连这一点我们都无法确定。

这就是夜航大海的煎熬之处。

稍微停一下吧。像无头苍蝇一样到处乱撞也没用。不如拿起手电筒照一照周围，看看能不能找到什么线索。

对了，是时候画一条辅助线了，说不定能帮助你唤醒一些方向感。

画哪一条呢……请稍等，容我在袋子里找一条合适的。

咦？

忽然发出怪叫，很吓人啦。你怎么了？

什么？好像有什么东西正从后面接近？

真的。有灯光一闪一闪的，还传来了类似引擎的声响，感觉来势汹汹的。

游艇？

不，不对。那是处方船！

处方船出现

一、二、三、四。

四艘处方船包围了你，接着你看见了船上的扬声器。

"保持乐观前行吧。"

最左边那艘闪闪发光的处方船爽朗地说。

"积极看待事物是很重要的。思维方式一变，世界也会随之改变。"

"请搜寻一下船底。"

第二艘处方船的语气很温柔。

"你是否依然隐藏着真实的自己？这是仅此一次的航海，不去真正想去的地方多可惜呀。看吧，其实你已经开始发光了。"

"战胜自我!"

第三艘处方船是热血汉设定吗?

"改变划桨方式,就能改变船头的朝向;改变船头的朝向,就能改变小船本身;改变小船本身,就能改变航海途中的一切。命运就取决于你现在的所作所为!"

"总之,动起来吧!"

第四艘处方船的语速超快,显得有些暴躁。

"瞻前顾后不如动起来。握住船桨,努力划动,一刻也别停歇。如果受挫,就立刻想办法改进!"

噢,真厉害啊,处方船!

船灯亮得晃眼,扬声器的音量也够大。处方船强有力的引擎,无疑能引领你抵达某个港口。

处方船是夜航之旅的向导,仿佛一座会移动的灯塔,为你照亮航路。

咦,你觉得那艘乐观的处方船很有魅力,想跟着它去?

我懂,的确给人很可靠的感觉呢,也难怪你想追随它。

不过啊,你先忍一忍那种冲动。

你想啊,就算有人鼓励你保持乐观前行,你也分不清哪边是前面嘛。

做决定时,不能着急。你应该耐心观察,试着透彻地理解状况,之后再下结论。这才是夜航大海的基本做法。

这一次，先婉拒吧。

处方船们，谢谢了。现在还不需要你们的帮助，一切都来得及。如果今后有缘再见，或许会拜托你们带路。在那之前，请珍重！

哎呀，真是犹如一阵暴风雨呢。

不过，说不定它们来得正是时候。我想到了一条辅助线，正巧适用于这种一不留神就会被强劲的处方牵着鼻子走的情况。

没错，这条辅助线能把心从单一整体拆分为多个部分，是心理学里最基础的辅助线，相当于教科书第一页内容的存在。

对了，想再听一位患者的故事吗？

就叫他"达也"吧。他是一名临近30岁的男程序员，留着利落的短发。达也先生开始诊疗是因为患上了抑郁症，他表示自己心情低落，无法集中精力工作，因此想寻求改善。

▍被处方吞噬时

开始诊疗后，我首先察觉到的是达也先生对目前的公司存在强烈的不满。那是一家守旧的公司，他真心想做的业务没有被认可为工作内容。如果继续这样糊里糊涂地干不喜欢的工作，人生似乎就要结束了，那么只有换工作了。这种想法，在他的心中卷起了旋涡。

与此同时，他也陷入了不安。离开现在的公司，真的会顺利吗？自己所向往的事，究竟值不值得冒这么大的风险去做？他回答不上来,他并没有足够的自信。

不仅如此,更棘手的是他还要面对自己的直属上司。那位姐姐对他有恩,从他进公司起就一直很照顾他,辞职仿佛是对上司的背叛。想到这里,达也先生举步维艰。

太苦恼了。就这样,他的心一点一点变形了。

某个早上,他似乎看见了自己的未来——辞掉现在的工作,就能开始新事业了。于是他下定决心行动,可一到傍晚,对上司的愧疚又涌了上来,他好像重新找到了留下的理由。这样的彷徨每周、每月地持续着,令他的想法越来越复杂。

某天,达也先生一脸轻松地来到了诊疗室。

"我决定了,我要辞职。我打算明天就给上司递辞呈。"

我震惊不已。明明上周诊疗时,他的心还像一个被电线缠成一团的插座,怎么忽然就理清了?

询问之下,他告诉我,自己读了一本前辈推荐的书,接着烦恼就像日出时的晨雾一样消失了。

书中有一段非常激昂的话:人生只有一次,在烦恼中消耗时间太可惜了。既然有想做的事,想再多都不如动起来。

"我决定创业,而不是跳槽到其他公司。"

达也先生如此说道。

"有什么具体想法了吗?"

"还没有。"

达也先生的声音微妙地变小了一点,他脸上流露出一瞬的心虚,随后又立即加大了音量:

"不过,我觉得必须得先行动,万事开头难嘛。总之我先递辞呈,一切都会从那里开始。"

达也先生口中的未来计划实在是算不上现实。而他仿佛辩解着什么一般,越说越兴奋,看起来心情也不错。

在距离诊疗结束只剩十五分钟的时候,他突然摆出了正经的神情。

"我想诊疗也可以到此为止了。我已经得出了结论。"

他那斩钉截铁的语气让我不禁有些困惑:一切都太急了。

该怎么回复呢?必须谨慎才行。我沉默地思考着,却看见达也先生的脸上浮现了一丝不安。明明应该如释重负的他沉着脸,向我发问:

"东畑先生怎么想呢?"

达也先生的心差一点就被过于强劲的处方吞噬了。负荷过重的心不由自主地想简化自己,而过于简化又让他内心的某处泛起了不安。

这种时候,就轮到辅助线出场了。我们需要将心拆分开来。

心之剧场

"心理学"的英文是"psychology"。

"psyche"代表心,"logos"则代表逻辑,心的逻辑,即是心理学。

有趣的是,"psyche"在作为语源的古希腊语中,还有"蝴蝶"的意思。

蝴蝶扑扇着翅膀,轻盈地飞舞着,无迹可寻。你想要抓住它,它却总能灵活地从你的指尖溜走。

古希腊人应该就是看着这样的蝴蝶,不由得感叹它们和自己的心一样吧。

达也先生的心也是如此。

他的心围绕着辞职这件事不断地变换着形状。

可是一旦打开手电筒,细细端详,会发现那里意外地坚硬,那是因为他一直重复着同样的想法。

达也先生的心里有两个声音此起彼伏,导致他踌躇不定。

虽然有些对不起希腊人,但正因如此,我认为比起蝴蝶,心更像是一个剧场。

达也先生的心里有一个舞台,"辞职小夫"和"维持(现状)太郎"在那里上演着双主角剧。

辞职小夫有辞职小夫的主张,维持太郎也有维持太郎的意见,他们的利害无法达成一致,争论不休,战场也持续扩大。这便是达也先生内心的纠葛。

两位主演的威力随场景浮动。感受到上司的关照时,维持太郎的音量会变大,"看吧,果然这是个好地方";然而一旦目睹上司古板的行事风格,辞职小夫又会夺回话语权,"什么烂公司,干不下去了"。在工作上犯错失去自信时,维持太郎会说,"安定最重要";等到取得好成绩,辞职小夫又得意起来,"我值得更广阔的天地"。

内心里的舞台剧像云霄飞车一样,每时每刻都是不同的局面。

这就是苦恼的表现。由于内心的倾向在不断改变,在外人看来,他人的心就像蝴蝶一样难以捉摸。

可实际上,舞台始终都在那里,改变的只有起伏的剧情,与登场角色之间的关系无关。

那天的诊疗里,达也先生心中那两个角色持续对峙的局面,因为过于强劲的处方崩溃了。

处方成为辞职小夫的强力伙伴,将维持太郎赶下了舞台。

然而,维持太郎并不是死去了,他只是暂时躲在后台,并等待着再次上场的机会。

达也先生在诊疗快结束的时候问我:"东畑先生怎么想呢?"那是被困在后台的维持太郎拼尽全力发出的声音。

何为心理学

心理学研究的就是这种在内心上演的舞台剧。

只要去书店,就能找到各种与精神分析、荣格心理学、认知行为疗法、人本主义心理学相关的书籍，它们都围绕着"心是如何运转的"展开阐述。

例如精神分析理论会提到"意识与无意识""自我、超我、本我"，荣格心理学会提到"自我与自性""阿尼玛和阿尼姆斯"，其他理论还会提到"理想自我与现实自我""真我和假我""认知、行为、情绪、身体""系统1和系统2"……这些概念所剖析的正是我们的心。

虽然概念的内容有差异，但它们都将心从单一整体拆分成了多个部分，并为每一个部分命名。正如刚才我将达也先生的心拆分成了"辞职小夫"和"维持太郎"两个部分。

心不是单一整体。这是心理学的大前提。

心理学就是关于辅助线的学问，它明确了"心"由多个玩家操控，并设法解析其中的关联。

是时候让你画出其中最基础的一条辅助线了。迄今为止，心理学家们已经研究和提出了大量的辅助线，而这一条就相当于那些辅助线的最大公约数。快要被强劲的处方吞噬时，最基础的拆分方式就是最有效的。

试试看吧。

请见证！

我们的心究竟由什么构成？

果断地画出那条辅助线吧。

待烟雾散去，映入眼帘的将是马与骑手。

这两个家伙是何方神圣？

马与骑手

在心上画出辅助线后,出现的是马与骑手。
不羁的马与试图驯服马的骑手。
两者来回拉扯,构成了你的心理活动。

浅显来说,就像身处冬天早上的被窝。
闹钟响起的瞬间,马与骑手就开始了争斗。
马想再睡一会儿,骑手则主张立即起床洗漱。当马战胜骑手时,你会美滋滋地睡起回笼觉。
不过,骑手也不是等闲之辈,他早已料到会这样,于是在十分钟后又设了一次闹钟,就这样,第二回合开始了。
马与骑手在早上的被窝里针锋相对。
马是由你的内心冲动唤醒的部分。马无视现实,只想满足自己的欲求。
与此相对,骑手是负责在心上掌舵的部分。骑手把握着现实,并以此规范自己的行动。
马与骑手之间存在的是"控制"关系,孰强孰弱,因人而异。
有些人的马会暴走,甚至把骑手甩下马背,在心之剧场掀起一场牛仔竞技赛。
有些人的骑手会使用过激的调教,导致马一蹶不振。
当然,也有一些人的马与骑手会配合着呼吸,张弛有度地前进。
你的马与骑手是如何共处的呢?

处方分为两种

请回想一下之前遇见的处方船们。

"保持乐观前行吧""请搜寻一下船底""战胜自我""总之,动起来吧"。

四艘船高呼着不同的话,试图为你照亮之后的航路。

其中的"乐观"船和"战胜"船所提供的就是支持骑手的处方。

它们希望骑手能控制住消极又懒惰的马。

与之相对,"船底"船和"动起来"船支持的则是马。

它们注视与尊重马,希望你追随你的马。

没错,这世上的处方分为两种。夜航之旅专区的那些书、周围人的建议以及泛滥网络的名言,归根结底都属于骑手派或马派。

自然而然,我们能得到以下对策:

> 当骑手威力过大时,我们需要的是支持马的处方;而当马威力过大时,我们需要的则是支持骑手的处方。

这种思路符合常识也相对稳当,基本没什么问题。

不可思议的是,无论选用骑手派处方还是马派处方,心最终都会被骑手占据。

这是怎么回事呢?

骑手派处方

前段时间，某小学派发的保健通知单在SNS上引起了热议。

通知单上新设了一个"学会与焦躁相处"的栏目，与口罩佩戴方式、营养均衡的食谱排列在一起。

栏目里列举了三条引导小朋友控制怒气的方式。

第一条是"数数"。感到头脑一热、涌起施暴冲动时，可以借助数数让自己冷静。

第二条是"默念积极的话语"。在心里对自己说"没事的""别在意"，让情绪平复下来。

第三条是"离开现场"。这里附有一张插图，似乎画的是在背地里说坏话的小孩，旨在引导小朋友和那些小孩保持距离。

这三条其实都来自心理学中的"愤怒管理"，正如其名，都是控制怒气的技巧。从这个角度来说，这张通知单遵循了专业的心理学知识，质量并不低。

可是，读下来会让人感到不对劲也是事实。毕竟，得知班里有同学在背地里说自己坏话时，感到气愤是很正常的吧。

这时候，与其压抑着情绪在心里数数，向身边的大人寻求帮助不是更好吗？作为校方，难道不应该正确地教育小朋友，设法减少暗中中伤他人这种事的发生吗？

换言之，该改变的不是当事人，而是环境；理应承担责任、解决问题的不是当事人，而是大人们。这就是我的想法。

加油啊，骑手——包含着这种信息的处方居然开给了小学生。

这就是不对劲的地方。

这有点残酷吧？

仔细想想，这种"加油啊，骑手"的声音简直是我们这个社会的主旋律。

学生们从小就被灌输着"主观能动性"的重要性，这要求他们成为一个能独立制订计划并加以实施的人。

而当他们走入社会，面临的要求会变得更严苛。他们需要管理好自身的健康状况，把握好各项工作的进程并处理好人际关系，总之，必须投资自我、规划好人生蓝图。

这是骑手主导的自我约束，亦是当今社会环境对人类个体的道德要求。

这世上，充满了骑手派的处方。

▍马派处方

与之相对，马派处方主张的是削弱骑手的控制权，给马自由。

有趣的是在骑手看来很碍事的马，在马派处方里摇身一变成为有益于人生的闪耀存在。

马确实有着自己的光芒。

例如某位处于低谷期的音乐家选择了暂别工作，却意外地在烹饪或是散步的时候想到了新的旋律。这种情况下，带来灵感的不是骑手，而是马。

在马派处方的影响下，企业家和创业者会热烈地宣扬解放马的价值："人生只有一次。不背负相应的风险，怎么抓得住机会？"

恋爱也是如此——人们在马的牵引下坠入爱河，趁着马的暴走感情升温。

以上举例的共通点在于"马带来了新的改变"。

与拘泥于现实的骑手不同，不切实际的马擅长迎接新的事物。马会将我们带向意想不到的地方，这的确是马的魅力所在。

然而，这也伴随着副作用。

削弱了骑手的控制权，会给现实生活招致不安稳的因素，随着失控的部分增加，风险也会变高。

事实上，因为马过于自由导致花钱无度、情绪失控、人际关系破裂的例子数不胜数。

最典型的就是恋爱时的状态。喜欢上某人后心情就像过山车，上一秒开心，下一秒又失落，一不留神就会做出很多今后回想起来羞耻到死的事情。

因此，如果你细看马派处方，会发现字里行间都隐秘地备注着："加油啊，骑手。"

不信的话，你回想一下刚才的"动起来"船。

"思前想后不如动起来。握住船桨，努力划动，一刻也别停歇。如果受挫，就立刻想办法改进！"

第一句话虽然在支持马，可从第二句开始就掺杂了给骑手的暗号，到结尾已经完全倾向骑手派了。

想必处方船也很清楚吧。若是解放了马，风险必然会剧增，最终还是需要骑手拼了命地收拾残局。

实际上,当你在现实中见到那些自由奔放的艺术家和创业者时,会发现他们中很多人都付出了超常的努力,并且相当注重细节。

明明投身于马派,最终却还是会说出"加油啊,骑手"。

为什么无论支持骑手还是马,到后来我们的心都会被骑手占据呢?

那是因为,我们正活在必须乘着小船航海的时代。

▌社会的小船化

也就是说,"社会的小船化"这一现象越发根深蒂固了。

过去不一样,那时的人们会乘着大船一起航海。

"部落""家族""村落""公司"……不同时代的大船虽然表现为不同的形式,但人类始终都是被设定为船员的动物,就像我们的猿类祖先那样过着群居生活。

不难想象那会是多么压抑、多么不自由。可是,当发生事故时,大家可以一起分担风险和责任,大船之上,人们会关照脆弱的个体,彼此间相互支撑。

不过,随着时代变迁,人们渐渐离开了大船,开始依靠小船航海。

一开始,坐上小船的只是想要逃离大船拘束的小部分人。出于对自由的渴望,他们开始了冒险。

这种趋势影响到了越来越多的人。到现在,无论期望与否,每个人都是乘着小船被放逐到了社会上。

小船很危险。哪怕只是撞上小风小浪，船体都会摇摇晃晃，运气不好甚至会直接翻掉；如果掌舵之人出了一点差错，很可能小船就会被冲到万劫不复的地方。

最恐怖的是，遭遇不测时的风险与责任都必须独自背负，谁都无法代替你承担那些危险与损失。

乘着小船航海时，必须密切留意外界，在充分了解的前提下对风险一一规避。骑手的失败关乎生死，一刻也不容松懈。

时代的要求与临床工作者

在我看来，社会的小船化似乎有些过度了。

责任自负的观念太过强烈的话，一旦失败，就会把所有错误揽在自己身上。由于重新振作不是一件易事，很多人都会花费过多资源进行风险管理。

我甚至觉得，小船化看似给予了我们自由，实际上反而让我们变得不自由了。

社会的结构应该被设计成能为小船提供更多保护才对。

不过，我不是什么革命家、政治家或者社会思想家，不过是一个心理咨询师罢了。我能做的只有等待社会发生改变，我的工作是陪伴眼前的患者思考如何在现在的社会里活下去。

虽然前文中我描述骑手派时似乎带有些许否定的色彩，但实际上，我在进行诊疗时大概有一半时间都会偏向骑手派。

没错，就是进行"管理"阶段时。管理阶段的我会暂时扮演骑手的角色，一边调整环境，一边引导患者探讨如何减轻不安、如何应对消极想法，即骑手控制马的方法。

对于因马的暴走而苦恼的患者来说，骑手派的诊疗非常有效。在深度小船化的社会里，能在某种程度上控制住自己的人会活得更轻松。

适应时代的要求，这也是临床工作者的重要课题。

不过，仅仅是这样还不够。

临床工作者还需要为患者拓展有别于时代要求的活法。

有些患者会因为过于顺应骑手派主导的社会，被骑手紧紧地捆绑着，痛苦不已，他们的马正在发出悲鸣。

棘手的是他们会误以为自身的痛苦源于不够忠于骑手，明明是自我控制过度才导致的问题，他们却会责备自身的自控力不够，然后为了更强力地控制自己而寻求诊疗。

他们呼喊着，让我的骑手变得更强吧。

明明他们需要的是倾听马的声音。

所以，我会引导他们画辅助线。当心被拆分后，患者会注意到遗忘已久的马。

说到这里，让我们一起回到达也先生的诊疗吧。

达也先生的马想着什么，又追求着什么呢？

达也先生的情况

"东畑先生怎么想呢?"

这个问题很关键,因为这是达也先生那想要抛下公司和诊疗的心发出的唯一异议。这声音来自谁呢?我稍稍整理了一番思绪,才开始回答他:

"之前的诊疗里,我一直在和想辞职的你以及想维持现状的你对话。"

达也先生点了点头:

"是辞职小夫和维持太郎。"

"没错,就是他们。如果说辞职小夫是马,那维持太郎就是骑手。在此之前,每当马想要横冲直撞时,骑手总会用缰绳将它拽回来,这也是你内心的纠葛所在。"

"对。"

"可是现在,马的气势大涨,快要把骑手的缰绳扯断了。辞职小夫打算狠狠甩开维持太郎。因此不安的维持太郎,刚才是不是在向我寻求意见呢?"

马因处方的力量而暴走,陷入绝境的骑手正在求救。所以,达也先生才会问我怎么想。我是这样认为的。

不过,达也先生似乎不太认同。他紧绷着脸,构思着如何回应。这次轮到我等他作答了。

达也先生张开了嘴。

"或许是那样……"他继续踌躇着。

"想要创业是马在作祟？"

他问到了根本上。

"还能再聊一会儿吗？"

"唉，一考虑到现实，忽然又感觉创业这个念头本身就错了。"

"是吗？"

"说到底，上司还是没能理解我真正想做的事是什么。就公司现有的结构而言，这是没办法的事，这我已经明白了。所以创业这个选择本身，也不能说不现实。"

的确如此，公司的经营理念非常保守，上司也是思想传统的人，更别提社会环境的容错率也很低，我很理解他面临的现实。正因如此，如果要认真考虑他未来的事业规划，创业是可以列入选项的，他确实也有足够的技术与经验。

可是，他的决定太过仓促也是事实。不管怎么想，这都是一次没有考虑后路的创业。

马与骑手纠缠不清的时候，我似乎看漏了什么。我必须弄清楚那是什么。

复杂的辞职小夫

忽然，我回想起了他描述的成长历程。

达也先生吃过很多苦。他由母亲独自抚养，年纪轻轻就离开了家，只身打拼到现在。

他在第一次考大学落榜后成了无业游民。某一天，他心一横离开了家，在包住宿的地方打起了工。那样的生活持续三年后，他又心血来潮地考了大学，一边打工一边念完了大学，总算进入了现在的公司。

达也先生过去的人生里也有过急转弯的时候。

其中缘由，要说到他与母亲复杂的关系。对于独自将自己抚养成人的母亲，他感激无比，因此，他从小就习惯了要努力回应母亲的期待。达也先生是母亲引以为傲的小孩。

可是，关于大学志愿的分歧，令两人之间的关系出现了裂痕。母亲希望达也先生像前夫一样考入法学院，从事与法律相关的职业。或许是想在前夫面前扳回一局吧。

问题在于达也先生对法律完全没有兴趣，他想成为程序员。这是他与母亲之间第一次出现沟壑。彼时的达也先生，完全不懂要如何填补这道沟壑。

最终，第一次考大学因为无法全身心地投入学习而落榜了。他忽然变成了无业游民，在那之后，他与母亲仍然无法推心置腹地交谈。他不认为母亲能理解自己的选择，而且，不同的想法本身似乎就是对母亲的一种伤害，他无法背叛母亲。

话虽如此，他依然没有产生想要朝着法学院努力的动力。他因此情绪低落，开始虚度光阴，他的人生像是走进了死胡同。

束手无策的达也先生在某一天忽然离开了家。他没有对母亲解释什么，留下一张字条就离开了。

反正说了也不会被理解，那就自己找出路吧。就是在那个时候，他的生活出现了第一次急转弯。

"我记得，你大学落榜那次也是这样呢。"我说，"当时决定得也很仓促。"

"啊。"

达也先生像是忽然想起什么一般，陷入了短暂的沉默。

"确实很像。"

"大概是一心认定不会被理解，你的骑手选择了一意孤行。"

"……因为怎么想都不觉得能得到理解。"

似乎有点效果。于是我继续说道：

"马渴望被理解，可是，这种渴望本身就会带来痛苦，所以骑手才会突然做决定。"

"辞职小夫似乎是个很复杂的家伙。"

"我也觉得。"

达也先生的心之剧场里有辞职小夫和维持太郎，前者是马，后者是骑手。此前，我一直是这么认为的。

可实际上，辞职小夫的内心也存在着马与骑手吧。马因为始终得不到上司的理解而受伤，为了抑制那种疼痛，骑手想到了出逃创业。

这听起来很复杂，但也没办法，因为马与骑手就是如此纠缠的。

那么，"东畑先生怎么想呢？"这句话果然是来自马吧。马挣扎着，只因"想得到理解"。

考虑到这里，我忽然意识到一个一直被忽略掉的关联性。

或许，达也先生是因为无法向母亲询问，才转而向我询问的。

▎剧情反复

"提出要结束诊疗,也是受那种情绪的影响吧。"

我如实说道。

"什么意思?"

"创业,其实是你考虑过很久的事情吧?"

"……算是呢。"

达也先生有些尴尬地答道。

"对于你的事业规划,我的评价一直都倾向保守是吗?"

"……好像是。"

作为临床工作者的我,自然会希望他能更安稳地生活下去,因此会不可避免地对高风险规划持慎重态度。

"嗯,所以你应该是在想,反正我也不可能会理解你的创业打算。"

他似乎一时不知该如何回应:

"……因为我觉得你会烦我,认为我在胡来。"

不仅是创业的问题吧。

渴望理解,却又不觉得能得到理解,所以他选择出逃。

这就是在他的心之剧场里反复上演的剧情。

这一剧情,在他与母亲之间上演,在他与上司之间上演,现在又在他与我之间上演了。

既然如此,对策就很明确了。

只要看懂了他一直在翻拍的剧本,自然能想到该如何改写结局。

关键在于交谈。他必须将那些自以为无法得到理解的事情勇敢地说给对方听，不能再自顾自地决定一切，他需要的是坚定地表达自己，与他人充分沟通后再做决定。

"再花一些时间吧？"

我说出了我的想法。

"工作也好，诊疗也好，在结束之前好好地表达出自己的想法，做好周全的准备吧。这不就是你一直都没能做到的事吗？"

"得到周围人的支持之后，再跃入下一个世界不是更好吗？"我补充道，"或许我又说了保守的话。"

他微微露出了笑容：

"确实有些保守。不过，我做那份包住的工作时，过得可辛苦了。"

达也先生的马忽然格外坦诚，我也忍不住笑了起来。

那之后，达也先生决定多花一些时间过渡。他与包含上司在内的很多人交谈，诚恳地表达了心中所想，也得到了大家的回应。为了顺利迈入人生的下一阶段，他切实地做着各方面的准备。

令人惊讶的是，大概是在一年后，那位上司居然批准了他发展副业。

就这样，他成立了一家员工只有自己一人、营业只在周末的小公司。

归属于大船的同时，他也开始了小船的航海。

倾听马的声音

不知不觉说了这么长的故事,让我们来复盘一下吧。

在心上画出辅助线后,会分出马与骑手两个部分。两者以控制关系联结在一起。

骑手负责掌舵,需要把握现实状况,尽量规避风险。当骑手正常工作时,我们能很好地适应社会生活。

与之相对,马会激发本能,它无视现实,只想追随冲动。马既是增大风险的麻烦角色,又是为人生带来新改变的闪耀存在。

骑手会试图控制马,有时顺利,有时受挫。辅助线能让心的构成呈现得一目了然。

不仅如此,其实马还有另一个重要的存在意义,只不过站在骑手的角度很难发现。这正是达也先生的内心状态。

马象征着我们心中受伤的部分。有时候,我们的心上会留下无法愈合的伤口,带来一阵一阵的疼痛。马被疼痛所唤醒,渴望着有人能为自己止痛。

没错,马需要他人的介入。日语里存在着"马很合"[1]这种说法,正是因为将人与人联结起来的不是骑手的强大,而是马的脆弱。

这是小船化的社会里很容易被忽略的部分。

我们生活在将独立自主视作"好的活法"的社会中,像马这种渴望他人、倾向依存的部分往往会被视作缺陷。

1　在日语中写作"馬が合う",意为投缘、合得来。

说实话，这种想法也是有道理的。所谓他人，即是自力所无法控制的存在，在骑手看来自然等同于风险。尽可能不依赖他人，才能最大限度控制自己的人生。

同时，这也是陷阱所在。如果心完全被骑手占据，我们将会陷入孤独。

因此，还是需要稍微倾听马的声音。

那么，你在自己的心上画好这条辅助线了吗？

别担心，会越来越熟练的。慢慢来吧。

你发现了吗？

从开始起，你的船头一直有白色的东西在飞来飞去。

看吧，就在那里，用手电筒照照看。

是蝴蝶。白色的蝴蝶扑扇着翅膀在那里飞舞。

蝴蝶呀，它一定是正在朝着某片陆地飞吧。

不如跟上去吧？也没有别的线索了。

你目前应该已经得到了两条辅助线——"处方与辅助线"和"马与骑手"，用它们作桨，试着划一划小船吧。

噢，很不错嘛。对，就这样划。

一拉、一推、一拉、一推，就按这个节奏划桨吧。

前进吧。

对现在的你而言，白色蝴蝶前进的方向就是"前方"。

第三章

人生不是单一模式

劳动与爱

呼……真是筋疲力尽。

让骑手狠狠劳动了一把呢。我们一直划船跟随着那白色的蝴蝶，累得都快站不稳了。

途中小船被海浪卷走，差点就弄丢了蝴蝶的踪影。幸好你的骑手追踪到了蝴蝶的所在，若是只有我一个人，绝对会迷失在这夜晚的大海上。

这样都快搞不清到底谁才是辅助船了。

不过，付出的艰辛都有意义。

快看，是小岛的影子。我们找到陆地了。

太棒了。抵达那里，一定能找到新的线索。

总之，先向着那座岛前进吧。

幸运的是，现在小船是顺风航行。虽然有些担心会偏离方向，但还是先歇歇吧。

让骑手调整到待机状态，悠闲地度过一段与马相处的时光吧。

不懂休息方式

悠闲地度过一段与马相处的时光?

你是不是有点摸不着头脑了?

劳动,然后休息。这虽然是人类生存的基本节奏,实践起来却意外地困难呢。

假设忽然多出一段空闲时间,明明可以舒舒服服睡个午觉,有些人却会满脑子担忧"这不是浪费时间嘛""这是在偷懒吧",结果又开始做一些现在并不急着完成的工作或家务。

越是劳动过度需要休息的人,这种倾向越强烈,他们似乎忘了休息的方式。

在我看来,人在休息时需要变身。

也就是说,劳动时的自己与休息时的自己应该是不同的自己。

你觉得呢?比方说公司开例会时,马确实是碍事的存在;可是与朋友叙旧时,马又应该担任主角。我们需要根据不同的情况,灵活地调整马与骑手在内心的占比。

变身失败,会导致休息时也无法好好休息。

马与骑手的内心占比该如何分配才好?为了找到更精确的答案,必须准确分辨自己身处人生的哪个阶段。

你的人生,在意识层面其实存在着多种模式。人生中会有各种各样的场景,对应着不一样的你。

拆分心的辅助线需要借助拆分人生的辅助线来达成更好的效果。

那么，是时候让新辅助线出场了。

难得在抵达小岛前有了这么一段空闲时间，不如聊一聊吧。

说来说去，还是闲聊最能让人放松。

首先，我想从一位女性的故事聊起，她就是那种无法休息的人。

就叫她"美树"吧。当时的她35岁，第一次来诊疗是在一个暴雨天。那是一个湿热的夏日午后，雨从大清早起就哗啦啦下个不停，办公室的门铃忽然响了起来。

▌PDCA 的化身

打开门的那一刻，美树小姐正试图拂去透明雨伞上面的水滴。她的头发被雨打湿，高雅的灰色套装上已经有了许多褶皱。

我询问她是否需要毛巾，她回答"不需要"，然后从包里掏出了自己的手帕。

在某家外资顾问公司的基层一路打拼至管理层的美树小姐，彼时正被失眠困扰着。

"没办法睡着。"

接着，她简洁且客观地说明了自己的情况。

末了，又补充了一句："望贵咨询室提供帮助。"

她的措辞习惯恭敬过了头，听起来很奇特。那简直像是在和客户商谈一般，在诊疗室的环境下显得格格不入，让我都有些不自在了。

不过，随着她的诉说越来越深入，我渐渐理解了其中的缘由——她的心完全被工作占领了。

她的生活里只剩 PDCA 的循环，即制订计划（Plan）、实施（Do）、检查结果（Check）、调整优化（Action），这是商务场景中常见的运作方式。

显然，她在工作中实行着极其严谨的 PDCA，因此硕果累累，是一位出色的职业女性。可这只是好的一面，麻烦的是，她的 PDCA 在非工作时间也无法停下。

早餐吃什么，放松的时间要做些什么，下班后和谁见面……就连考虑这些问题时，她都会不自觉地追求效率和收益。要做什么，不做什么，如果做的话要怎么安排……她会以"能否为工作助力"为标准评价生活里的一切事情，并以此为目标行动。

除此之外，美树小姐的另一个特征是将人际关系视作给予与索取的交易。

只有提供对方需要的东西、满足对方的需求，对方才会对自己有好感，并回报同样好的东西。对此，她深信不疑。

因此，她不仅对同事与客户如此，对家人与朋友也是如此。她在所有的人际关系里，都扮演着细心、善解人意且绝不会伤害他人的角色，简直就像五星级酒店的经理一样，恪守着不被任何人讨厌的行事准则。

我也一样，和她交谈时感到很舒服。不难想象，她在工作中一定也是这样礼貌而谨慎地行动，并因此获得了超高的评价。

为了拿出成果，她将所有时间都投资在工作上，将所有人际关系都经营得如同商务伙伴。她的人生，被工作填得满满当当。

她就像经营着"自己"这家公司的CEO。她也确实怀揣着创建公司的目标，这个比喻应该很贴切。

她对自己的经营相当成功。美树小姐优秀又自律，工作上取得了很多成就，人脉方面也构建起了十二分的信任关系。然而，正当她打算迈出创业的那一步时，却走进了这间诊疗室。因为她觉得只要解决了失眠问题，自己一定能发挥得更好。

失眠是美树小姐的老毛病了。中学时期她就出现了失眠症状，进入社会后更是一直处于慢性失眠状态。

自然，她已经尝试过各种改善睡眠的方式。她用着最高级的床品，对香薰、香草茶这类助眠产品更是如数家珍。她追求着高质量的睡眠，将各种情况下的睡眠时间列成表格，甚至还为此搬了家。对待睡眠，她也采用了PDCA的流程。

即便如此，她还是睡不好。

失眠时，她会感到极其不安：明明将所有事情都掌控得尽善尽美，怎么偏偏管理不了自己的睡眠？她感觉很无力，接着便开始担忧自己会在其他事情上也像这样出差错。

对她来说，夜晚是恐怖的存在，她仿佛被危险包围着，孤立无援。光是想到今晚可能也睡不着，她就觉得人生似乎都要毁灭了。

甚至可以说，她真正的问题不是失眠，而是恐惧失眠的不安。

在我看来，强烈的不安在她的心里蠕动，必须采取措施干预了。

虽说如此,她的诉求却是找到入睡的方式。她似乎并不在意当时的不安。她觉得只要改善了失眠,一切都会迎刃而解。

既然如此,去医院开一些安眠药才是最高效的方法吧。我如此提议,没想到被她强硬拒绝了。

"我了解自己,一旦借助药物,就会无法自拔了。我想靠自己入睡,只要改善了睡眠,我的工作效率一定能进一步提升。为此,想借助贵咨询室的力量。"

说着,她深深低下了头,那是商务礼仪深入骨髓才能做出的完美鞠躬。窗外的雨,依旧下个不停。

单薄的人生

或许你会觉得美树小姐是个很极端的人,的确,能自律到这种程度的人并不多见。不过,这并不意味着她是特殊的。

我自身也有这样的时候,我想你对待人生里的某些事情时,也会或多或少地与美树小姐相似。

美树小姐是骑手派的人,她试图控制好日常生活里的一切,并且只在睡眠这件事上失败了。她并不满足于此,仍然日日夜夜寻求着改善,只为更准确地控制所有事情。

这显然是骑手太过强力所导致的状况,然而,并不是"削弱骑手的控制权,放马自由"这种简单的处方就可以解决问题。

毕竟美树小姐已经打拼到了外企的管理层，正是来自骑手的强力控制引领她在事业上获得了成功。"控制"就是支撑着她职业生涯的内核。

美树小姐的问题在于，她在所有时间里都保持着工作模式。

商务场合的作风浸染了她的人生，没有任何余地去容纳不相干的事物。她的人生因此处于极为单薄的状态。

这就是应当画辅助线的地方。人生如果变成单一模式，会因为过于僵硬而导致脆弱。

因此，我想试着为美树小姐那坚固如岩石般的人生画出辅助线。

请见证！

我们的人生究竟由什么构成？

果断地画出辅助线吧。

待烟雾散去，映入眼帘的将是"劳动"与"爱"。

这两个家伙是何方神圣？

"劳动"与"爱"

将我们的人生拆分为两部分的"劳动"与"爱"的辅助线出现了。

实际上，这是深层心理学学者弗洛伊德说过的话。

这是近百年前的事情了,当弗洛伊德被问到"大人必须做到的事情是什么"时,他回答的正是"劳动与爱"。

"劳动"尚能理解,可"爱"这种过于浪漫主义的回答,难免会夹杂说教的感觉,让人产生一种难以言喻的别扭的感觉。

或许说成"工作与私人空间""上班与生活"会更潇洒,更符合时下的措辞习惯。

然而,"爱"恰恰体现着弗洛伊德对这个问题的洞悉之深。

"做"与"在"

"劳动"二字,意味深长,最重要的是其中包含着超出"劳作"的意义。

作为志愿者参与海岸清扫活动也叫"劳动",受父母使唤去超市跑腿的孩子也应该被称为"劳动者"。

"劳动"作为语言比"工作"或是"上班"更深奥的理由就在于此,是否能定义成"劳动"与是否产生金钱报酬没有关系。

我们的日常生活里充满了各种任务:整理商谈资料,准备晚餐,为地区俳句爱好会做总结,参与公寓管理组织的理事会……有时能赚钱,有时不能。任务会不断涌现出来,如果没人去做会导致对应的事情无法运转。我们活着,就需要将它们一一处理。

为了完成某件事而"做",这就叫"劳动"。

与之相对,"爱"的目的只在于去"爱"。

例如，与恋人见面时，见面本身就是目的。如果两个人为了收购企业而见面，那两人的关系应当称作商业伙伴，属于"劳动"的范畴。所谓"恋人"，会在没什么事的时候也约定见面，还会互相发送并没有必要的信息。

与朋友、家人的关系是如此，花费在兴趣爱好上的时间也是如此。与其说是为了达成某个目的，不如说兴趣爱好本身就是目的。很少有家庭是为了将孩子培养成棒球选手而组建起来的，大多数情况下，人们踢足球是因为有趣，听 K-Pop 是因为喜欢。

与逝者的关系最能体现何为"爱"。人们之所以思念逝者，不是为了"向对方许愿"或是"消灾除厄"，仅仅是因为那种思念能宽解自己的心。那样就足够了，思念逝者的报酬，就是这份思念本身。

"爱"的本质不是去"做"什么，而是与什么同"在"。

"劳动"与"爱"——这两个模式交织着，构成了我们的人生。

别搅和二者，很危险

像这样画出辅助线后，我们能很清晰地看出美树小姐的人生被"劳动"所吞噬，失去了"爱"。

PDCA 只是处理"做"的最佳方式，它能帮助提升工作效率，可一旦侵入以"在"为本质的人际关系或兴趣爱好之中，只会起到破坏作用。

她的失眠就是典型例子。睡眠，意味着对"做"的放弃，而她却为了"做"到睡眠而想方设法，结果自然会适得其反。

没错，不要将"劳动"与"爱"搅和在一起，那样很危险。

比如说，一位老板如果在家里也摆出经营公司的架势，必然会伤害到家人。假设对待孩子也像管理下属那样制定季度目标，为了提升其积极性而设定面谈，那在孩子看来无异于得到了一位上司却失去了父亲。

将"劳动"方式用于"爱"，只会糟蹋"爱"。

反之亦然。

那些宣传"职场氛围亲如一家"的公司，往往会勉强员工完成劳动合同之外的事情，这种情况并不少。像对待家人那样要求员工，不知不觉就会演变成职权骚扰[1]。

以"爱"的标准去安排"劳动"，会导致他人痛苦。

麻烦的是，人们总会一不小心就混淆如此重要的界限。

这种现象在现代社会里尤为常见。大多数人都有着将"劳动"方式用于"爱"的倾向，导致"爱"变得越来越容易被"劳动"吞噬。

那么，让我们回到美树小姐的故事中吧。

究竟是什么原因，让"劳动"浸染了她生活中的一切？

"爱"去哪里了？

---

[1] 指凭借个人在职场中的地位、技能、人际关系等方面的优势，强迫他人完成工作范围外的事务，对他人施加精神或肉体方面的痛苦。

无处可逃的家

初次诊疗结束后,我首先制订了五次的评估诊疗计划。这是为了让我在正式诊疗开始前,先详细地认识美树小姐是怎样一个人。具体做法是倾听她迄今为止的人生历程,想要深入了解一个人,这是最有效的途径。

印象最深刻的是当我询问到"请告诉我你在什么样的家庭里长大"时,美树小姐回答:"就是普通家庭。

"像普通人那样有爸爸和妈妈,普普通通地被养大了。"

她如此说道。

父亲是银行职员,母亲是家庭主妇,此外还有一位哥哥。这确实是很常见的家庭结构,她没饿过肚子,也没为学费担忧过,因此将自己的家定义成了"普通"。

然而,当我试着问了一些细节后,却发现她的家庭大有问题。

她的父亲是偏激的学历至上主义者。他自身虽然毕业于名校,但人外有人,很多同事都来自更知名的学校,这令他长期处于某种羞愧之中。他因此而受伤,更不幸的是他还将考上名校作为至高命令灌输给了孩子。就这样,父亲的伤口蔓延到了孩子们的身上。

不爱念书的哥哥没能回应父亲的要求。哥哥的成绩迟迟没有起色,他本人也渐渐地失去了积极性,这直接导致了悲惨的结果。父亲开始动不动就责备哥哥,说出"你不配让我付学费""你的存在是一种耻辱"这样的话，两人的关系也越来越紧张。

母亲没能保护那种情况下的哥哥。没完没了的家庭争吵煎熬着母亲，令她身心俱疲。母亲常常会以身体不适为由埋头大睡。每次父亲开始谩骂，母亲都会声称"头痛"，然后把自己关进房间里，那恰恰是哥哥最需要帮助的时候。最终，哥哥高中一毕业就离开了家，随后杳无音信，当时美树小姐还在念初二。

美树小姐从小成绩就很优秀。她头脑本就聪明是一方面，长期目睹父亲与哥哥争吵的影响也不可忽视。取得好成绩，进入好大学，否则就会失去在家里的位置，这种不安始终驱使着她。

哥哥刚离家的那段时间里，她的成绩有过一段低迷期。明明想着一定要加油，却始终无法集中精力学习。她常常拉肚子，还会忍不住拔自己的头发，第一次失眠也是出现在这段时期。

在她心中，这个家里只有哥哥是她的伙伴，能让她感到放松。哥哥本该是无论何时都维护着她、不让她遭受责问的人，我想，失去这样的哥哥，深深地伤害了她的心。

可是，她自身似乎没意识到这个伤口。她一心以为那种高压之下的环境是"普通"的。因此，当成绩下降，身体也出现各种不适时，她认为是自己犯了错，并陷入了深深的自责。

悲剧还是重演了。某个晚上，得知美树小姐成绩的父亲开始辱骂她："你的存在是一种耻辱。"他喝醉了酒，满脸通红。美树小姐不知道该怎么办，她并没有偷懒，而且也责备过自己了。百口莫辩的感觉涌上心头，她只能独自抽泣。

就在此时，收拾餐桌的母亲忽然呻吟起来：

"头好痛。"语罢,便离开了餐桌。

只剩美树小姐与父亲留在餐桌边,接着,她被骂了一整晚。

就是在那之后,美树小姐变了。她内心仅存的与年龄相符的天真消失了——不会有人伤害自己,只有这个念头存在,我们才能安心入睡。反过来说,因不安而无法入睡,是因为心中的某人已经成为危险的存在。

所谓"在",指的是与某人同"在"。

并且,那个某人不能是危险的存在。

现在的美树小姐并非被危险包围着。客观来说,她在大公司拥有一份安定的工作,得到了许多人的信赖,还有过恋人。无论在父亲还是母亲眼中,她都是让他们引以为傲的女儿。

她得到了许多人的爱。她感受到了这一点,只不过,那些人并没有给她带来"在"的感觉。

在她看来,至今建立起来的关系,都需要自己不断提供价值才能持续下去。一旦自己无法满足对方的需求,那个悲痛的夜晚就会再度上演。对方会像当时的父母一样脸色骤变,决绝地背叛自己。在她心中,他人都是潜在的敌人。

只有一直成功地"做",那些人才不会攻击过来;哪怕只是"做"失败一次,那些人就会轻易夺走她"在"的资格。这就是她心中描绘的景象。

她成了本质上孤立的人。所谓孤立状态,并非一个人孤零零的样子,而是内心感到被敌人团团包围的状态。

弗洛伊德选择"爱"而非"被爱"的深意就在于此。

美树小姐虽然有过"被爱"的经历,却没有"爱"的能力。

感觉"某人不是敌人",相信某人是安全的——无论是在现实生活还是心中,都没有一个这样的某人"在"。

这才是"爱"的真面目。

▋ 鸡与蛋

"爱"其实是能被"劳动"支撑起来的。

我会这样说,并不是出于没有钱就无法约会这种经济原理,更不是想宣扬"不劳者不得食"这种励志话。

我们常常会听到类似的故事。诸如长期闭门不出的青年,原本与包括家人在内的所有人都无法共处,却因为开始打工而渐渐减轻了自己对他人的不信任感;身处精神科的日间托管设施时恐慌不已的病人,在参加清扫或是烹饪活动后,找到了自己的容身之处。

"劳动"会给我们一种帮助了他人的感觉。这种感觉,会使我们相信他人不是敌人。

另外,"爱"也能让不可能的"劳动"化作可能。

那个闭门不出的青年之所以能开始尝试打工,是因为之前从家人或是援助者那里得到了哪怕只是一丝丝的安心感。而参加日间托管设施的活动的病人,也需要事先习惯工作人员和其他病人的存在。

出乎意料的是,这种关联总是很容易被忽略。

在这个世上,人们总把"我会加油"或者"加油啊"挂在嘴边,好像无论如何只要有意志力就能"做"到。可是，没有"在"的保障，意志力其实是很难发挥出来的。

难道不是吗？想在职场或是学校实现"我会加油"的承诺，首先要做的就是适应那个地方。

"劳动"与"爱"的关系和鸡与蛋的关系很像。

"劳动"会带来"爱"的力量，"爱"也会带来"劳动"的力量。

因此，我们需要二者共同存在，相互作用。

所谓"别搅和二者，很危险"，指的是"工作就是生活"那类做法。如果完全混淆二者，导致人生变成了单一模式，就像鸡无法生蛋，蛋也无法孵化鸡了。

蛋的根源性

听到这里，距离理解美树小姐的痛苦就只差一步了。

重要的是鸡和蛋相比，果然还是蛋先出现在前面。遵照一般逻辑来说，需要先有蛋存在，才能孵化出鸡。

同样，如果"劳动"与"爱"相比，"爱"更能成为劳动的根源吧？

实际上，我们很容易就能想象出只有"爱"而不"劳动"的状态。

小婴儿就是这样，步入老年后也是这样；生病或是受伤时，也会失去"劳动"的能力。这是每个人的人生都可能发生的事。

就算如此，我们也不至于失去人生中的一切，这也是"爱"相比于"劳动"更能成为根源的缘故。

反过来说，没有"爱"支撑的"劳动"，会让人暴露在随时被敌人包围的风险里，像美树小姐那样被"一旦失败，我会灰飞烟灭"的恐惧吞噬。

正如暴风雨中的小船，小船随时有可能被浪卷翻，变成海中的碎屑。身处这种紧张感中，我们会不由自主地让骑手掌握全部控制权。

现实问题比这种比喻更复杂。气象现象中的暴风雨总有一天会停止，可"劳动"中的暴风雨越是持续，带来的威胁就越大。

这就是美树小姐的悲剧。

对她来说，他人即是危险。因此，她借助骑手贯彻着精准的控制，不断回避着他人变成敌人的风险。可是，他人于心而言，越是远离，就越是危险的存在。

这很像假期结束后抗拒回到公司或是学校的那种感觉。因为不见面的时间越长，不擅长应对的人就会变得越发难以应对。

虽然知道一旦接触也能找到对方不可怕的部分，可还是会下意识回避，越是回避，对方可怕的部分就越会在心中膨胀。

失去"爱"的"劳动"会让人越来越恐惧他人，美树小姐心中那恐惧的气球已经膨胀得快要裂开。

正因如此，她才会来到这间诊疗室。虽然口中说的是希望找到入睡办法以提升工作效率，实际上是对他人的恐惧越来越深，自己已经束手无策了。

这才是在美树小姐的诊疗中需要处理的问题。

"劳动"的小船化

"爱"被"劳动"所吞噬——美树小姐心中所发生的现象,也可能发生在我们每个人身上。

我们所处的这个世界像美树小姐的家庭一样,"爱"会被很轻易地夺走。每个人必须为了生存而拼尽全力,否则随时可能失去"在"的资格。

因为"劳动"本身也在走向小船化。

这二十年来,我们的劳动方式发生了很大的变化。

过去的"劳动"通常以大船为载体,人们隶属于某个公司、某个组织乃至某个行业,结成某种共同体进行劳动。

可想而知,那种劳动方式下的人们会面临诸多不自由与不讲理的状况。可正如"终生雇佣"[1]这四个字所体现的那样,大船会守护每一个人的人生也是事实。人们牺牲自由换取了安心,也就是"在"的资格。

当时的日本社会正繁荣,大船也因此拥有了守护人们的能力。

---

[1] 该制度下日本企业正式员工享有终身受雇待遇,企业不得以非正当理由将其解聘。

然而，在资本主义全球化的影响下，经济形势逐渐转变，社会面貌也发生了变化。日本社会仿佛置身于暴风雨中，变得贫瘠而不稳定。最终，守护着我们的大船也开始衰败。

许多公司都失去了牢牢守护每一个员工的能力。很多人成了非正式员工，即使被正式录用，劳动合同的条例也会相当严苛。现在的我们，已经不能安心地将人生托付给某个企业了。

"劳动"不再意味着同"在"，这就是如今的日本社会。我们的"劳动"向小船化转变着，大家必须以个人为单位，规划并落实好自己的劳动方式。

正因如此，近几年的热词总是围绕着创业、副业、跳槽。创业是从大船下来并凭借自己的小船生存下去，副业是乘着大船的同时也划动自己的小船，而跳槽则是乘着小船从一艘大船划去另一艘大船。

大家关心着，要如何依靠小船实现持续的生存。

这种背景下，"爱"变得越来越容易被小船化的"劳动"所吞噬。人们竭尽全力地寻找生路，一不留神就会将全部的时间用在"劳动"上。

兴趣爱好是自我投资，与他人共享美味成了拓展工作人脉的途径，去学校是为了提升自我作为商品的价值，甚至谈及结婚也像在做生意。从前与商业无关的领域，也被解读成了商业。

"劳动"不再像大船时代那样存在着分明的"开"与"关"，我们开始在意私生活的方方面面是否能成为"劳动"的助力。

不可忽略的是"劳动"本身的含义也在变化。"劳动"原本包含着无偿的"做",而现在,人们往往会认为不能赚钱的事是没意义的。

"靠那种事能吃得上饭吗?"

无论是他人还是自己都会下意识地这样吐槽。"劳动"的含义变得狭隘了。

"爱"会很轻易地被吞噬,"劳动"则倾向于只用金钱来衡量。我们如今就活在这种单薄的社会里。

▎夜航之旅的核心

怎么样?视野有明朗一些吗?

为人生画辅助线,就会分出"劳动"与"爱"两个部分。

"劳动"是为了某个目的而"做",而"爱"则是相信某人"不是敌人",并与其同"在"。

至于这二者以何种比例存在才好,需要具体情况具体分析,这取决于你目前以怎样的状态活着。

重要的是二者之间存在着犹如鸡与蛋一般的关系,我们需要使二者共存并相互作用。

然而,严峻的社会环境要求"劳动"向小船化转变,这导致我们一不小心就会失去"爱"。

那么,在这个小船化的时代,我们该如何让"爱"焕发生机?

这便是之后需要探讨的课题。

在危机四伏的海上，如何才能确保"在"的资格呢？

既然并非所有人都是危险因素，那怎样才能与不危险的人待在一起呢？人与人之间该怎样建立关联、加深情感呢？

这是美树小姐需要在诊疗中处理的问题，也是夜航之旅的核心问题。

哎呀，回过神来，小岛已经近在眼前了。

闲聊的时光总是那么短暂。一旦放松，时间就流逝得很快。

说起来，这座岛真是比想象中还小呢。不过，至少有沙滩，植物也长得茂盛。

向着那边的沙滩靠岸吧，仔细一点，别让船被海浪冲走哦。

身体应该已经充分休息好了，开始小岛探险吧。

岛里也许潜伏着凶猛的野兽，说不定还有守护着宝藏的岛民们，甚至可能有一位大贤者正手持航海图等待着我们的到来。

来吧，该登陆了。

插 曲

围着篝火
我为何成为心理咨询师

哇,找到了那么多枯树枝啊!太棒了。

有这么多就足够了。那么事不宜迟,来生火吧。你应该也想取取暖、烧烧水吧。

说起来,真是失望极了。

我们探索了每个角落,可是既没有遇见凶猛的野兽,也没有遇见守护宝藏的岛民,更别提等待我们的大贤者了。

这只是一座小小的无人岛,什么线索都没有。

很遗憾,但也只能接受现实,这种事就是时有发生呢。来转换一下心情吧。

我想先烧些热水。不如吃点素食咖喱吧!在室外吃的咖喱是最美味的呢。总之,先填饱肚子吧。

呼……吃得真饱啊。再慢悠悠地喝一杯威士忌吧。我设想到了这种情况，所以在船里装载了一些酒。

哇，没想到你还挺能喝的。什么？再来一杯？请吧请吧。

这种感觉真不赖。星星亮晶晶的，篝火也很美。在困意浮现之前，懒洋洋地聊会儿天吧。

为何成为心理咨询师

咦？想问我一件事？

怎么了，忽然这么严肃，搞得我都有点慌了。

哦，你好奇我为什么选择做心理咨询师？

我经常被这么问呢。在大学讲课时学生会问，患者也时不时会问，接受采访时，这更是每次都不会缺席的经典问题。

这或许是面对心理咨询师时自然而然会出现的疑问。要怪就怪从事心理咨询师的人自带那令人心生疑惑的气场吧。

毕竟我们的工作应对的是心灵这种没有实体的存在，还会频频涉足人们的隐私，和别人比起来又绝对算不上高薪。即便如此还是选择这份职业，应该有什么特别的原因吧。

我懂，这个问题里包含着强烈的好奇心以及一丝丝的不信任感。

"想了解"派与"想关怀"派

其实我也一样,过去几乎问遍了认识的同行从事心理咨询的理由。他们的答案,大致可以分成两个派别。

一个是"想了解心",另一个是"想关怀心"。

"想了解"派的心理咨询师,比起他人的心,对自己的心更感兴趣。

大多数人在青春期或者说时间更长的青年期都处理不好人际关系,很容易跟人产生疏离感,因此会想知道"自己为什么会是这样的人?"。即使没有那么受挫的经历,这也是一段不太了解自己的时期。这种时候,心理学会显得格外有魅力。

与之相对的"想关怀"派心理咨询师,可以进一步再细分成两类。

一类是曾经接受过他人关怀的情况。自己在痛苦时得到了他人的帮助,转而也想去帮助他人,于是成为心理咨询师。

另一类则是身边有人需要关怀的情况。他们认识有心理问题的人,有时是家人,有时是朋友,试着帮助他们却收效甚微,于是决定系统地攻读心理学。

当然,除此之外还有很多其他的缘由,也有不少人是两种心情掺杂在一起。但无论如何,他们应该都是围绕着某个伤口选择了这份工作,有时候连本人都没意识到。

不过,其他工作或许也是如此。

医生、教师、电影导演等都是如此，仔细想想，职业选择的背后大致都暗藏着"治愈自己"的动机。

这绝对不是坏事。人生是一个故事，伤口会驱动着我们的人生，将我们带向某个地方。

——我被问到时，通常会这么回答。对方一听，基本都不太满意，觉得我偏题了。

"那你本人是什么原因？"

我会听见这样的追问，他们想听的不是这种概括。

可是，对我来说答案并不是能一言以蔽之的。迄今为止，我为了应对这种情况说过很多贴近答案的故事。

例如：在棒球部当替补队员的经历，想成为人类学家又害怕适应不了非洲的生活，高中时期正好撞上"心之时代"[1]，等等。总之，我会说起当时浮上心头的回忆。

我没有说谎，那些都是实话。只不过，每一个故事都不具有足够的说服力，真正的情况很复杂。很多个故事交织缠绕着，时间缓缓流淌着，我慢慢地成长着，回过神来，我已经成了一名心理咨询师。这就是真实的情况。

因此，我大概这次也无法准确地回答你的提问。不过，看着这篝火，我想起了一件事。

那是我将心理咨询师立为目标的契机。

---

[1] "心之时代"是日本社会和文化中的一个重要概念，通常用来描述一种对内心世界、情感和精神层面的高度重视和关注的时代趋势。

看来又要增加一个新版本的答案了。那么，请允许我给你说这个故事吧，说不定，这能为夜航大海提供启发。

大洪水来了

那是发生在1999年的事情。我当时16岁，正在念高中二年级，和大多数16岁少年一样，过得不太健康。我感觉似乎哪里出了问题，但又不知道究竟是哪里。当时的我完全不是能沉静下来思考未来的状态，可是又不得不面向未来，准备考试。实在是郁闷的时期。

我记得那节课是在九月一个风和日丽的下午。正是吃过便当后最困的下午第一节课上，我邂逅了心理学。

那是一节伦理课[1]，因为我就读于天主教捐赠创办的学校，负责教伦理的是一位年轻修士，也就是尚未当上神父的修道士。

那位修士浑身包裹着黑漆漆的服装，戴着一副厚实的黑绿边眼镜，经常把柏拉图、亚里士多德、笛卡儿或是康德挂在嘴边，似乎在大学时读的是哲学专业。

遗憾的是，当时的我对哲学毫无兴趣。现在回想起来确实可惜，可在当时看，过去那些哲学家的思想实在是枯燥无味。说到底，伦理课也只是为了统考而选择的科目。同学们也只把这节课当作午

1　日本高中存在的一门科目，旨在完善国民教育，学习思想史与哲学史相关的知识。

后小憩的时间。

可是,那一天却不一样。那是一节极其危险的课。

修士那天讲授的内容是"无意识"。人心深处,有一片叫作"无意识"的领域操控着我们。

"人的心里还有一个本人不知道的自己。"

他说道。

"不觉得很厉害吗?"

修士介绍了名为弗洛伊德和荣格的心理学家,并告诉我们这种研究内心深处的学问叫作"深层心理学"。

无论遵照教科书、统考大纲还是文部省的指导纲要,课讲到这里都已经足够,关于心理学,高中生需要了解的内容已经全部说完了。然而,修士还在继续说。他仿佛那个高喊着"大洪水要来了,神也会一起来"的预言家。

"你们的心里还有另一个你们不知道的自己。"

"人的心里存在着叫作'深层'的地方。"

"你们并不了解自己。"

他激动地说着。

你们不了解自己

那实在是诡异的场面。

那令人毛骨悚然的课堂,与平静舒爽的秋日午后毫不相符。同学们一如既往地打着瞌睡,我却无法将目光从修士身上移开。

究竟是什么驱使着他这样讲课,我完全不知道。唯一体会到的是他豁出性命一般的气势。这位年轻修士正拼命地倾诉着自己的某个部分。

直到高中毕业,我才知晓了其中的原因。

修士决定放弃成为神父,和心爱的女人组建家庭,他选择将人生献给所爱的人,而不是神。

你们并不了解自己。

修士曾经面对着我们,说出了这句话。可实际上,那句话是在对他自己说吧。

已经决心要为了敬爱神明而活,心的深处却有另一个自己想要去爱除了神以外的人。那我究竟是什么?我真的是会"爱"的人类吗?——我想,他应该是深切地感受到了"无意识"的存在,并竭力想要看清它。

当然,高中二年级的我并不知道年轻修士实际面临的纠葛,也完全想象不到他正在决定踏上新的人生征程。

可是,我的心在那时被穿透了,我被修士那泣鬼神般的倾诉感染了。

你们并不了解自己。

太有趣了吧！

彼时彼处的我拥有的虽然只有不起眼的自己和难以喘息的高中生活，但心的深处，一定在瞬间延伸出了丰富多彩的世界。我想，我要了解心。

那一刻，我用双眼目睹了"无意识"释放的光芒。

那确实是一节危险的课。年轻的修士企图为了心爱之人扭转人生，而我，似乎找到了一生的事业。

这已经是二十多年前的回忆了。

最终，我照着那节课所指引的方向走到了现在，还真是不能小看学校的课呢。所谓青春期，就是会在意想不到的时间点，发生决定一生的事件。

超前的修士

之所以分享这段往事，是因为我现在回忆起来，觉得这位修士的想法非常超前。他仿佛一位预言家，抢占了夜航之旅的先机。

我在伦理课上，第一次接触到了心灵辅助线。

那条辅助线划分的是"意识与无意识"。我们体内存在着熟悉的自己和陌生的另一个自己，借助辅助线，可以利落地将心拆分开来。

需要注意的是，当时的我和修士对于这条辅助线的理解，存在着巨大的差异。我是 20 世纪 90 年代的想法，而修士已经是 21 世纪 20 年代的想法。

"无意识"在我们各自的设想中是完全不同的形象。

我眼中的无意识是闪烁着光芒的存在。

"你们并不了解自己。"

这句话仿佛在告诉我，自己的内心深处蕴含着尚未被开发的可能性。我预感到，只要深入挖掘，就能找到那里所埋藏着的"真实的自己"。

回想起来，这确实是值得庆幸的想法。不过，也得益于时代背景，萌芽期的我原本就在考虑着将来要成为一个什么样的人，恰巧当时的日本社会也盛行"寻找自我"的风气，人们倾向于相信内心深处存在着一片沃土。

那时，有一位名为河合隼雄的深层心理学家提出了发人深省的问题："物质是丰富了，但心呢？"日本社会正处于繁荣时期，可人们的心似乎越来越贫瘠。通过认真倾听与了解自己的心，或许能重新唤醒充盈的内心。跟随着这样的指引，人们纷纷步入了"心之时代"。

可是，修士却不一样。在他看来，无意识是不祥的存在。

"你们并不了解自己。"

这句话的矛头指向了另一个自己，他背叛了自己，亵渎了自己构筑至今的人生。他眼中的无意识是带有瑕疵的存在。

或者说，修士面临的难题是"真实的关联"。

修士之所以不得不直面无意识的存在，是因为他为"爱"感到苦恼。爱神，还是爱人？自己作为一个人，是否有能力珍惜重视的人？

切身经历得出的疑问，让他在心里画出了辅助线。

真实的关联

我为什么会认为正要迈入中年的修士考虑得比正值青春期的我更超前？原因就在于此。

没错吧？小船时代，物质不再丰富，唯有风险与日俱增。时至今日，我们终于思考起了如何与他人建立深刻的关联。

那位修士探索的正是这个问题，而我们才刚开始尝试渡过这片危险的海域。

那么，深夜闲谈就到此为止吧。

虽然篝火的火焰蹿得正旺，但威士忌正好喝完了。

差不多该睡了呢。

不出意外的话，明天又是辛苦的一天。

要找到的不是真实的自己，而是真实的关联……

如果能找到那种东西就好了,可一切都不好说呢。

总之,先静下心来休息吧。

晚安。明天见。

睡醒后依然是夜晚。不过，由于海面平静，我们从无人岛启程后轻松地航行了一段路。

接着，猝不及防地撞上了暴风雨。

雨滴像子弹一样噼里啪啦地落下，掀起的巨浪犹如悬崖，狂风更是没有一丝怜悯。

桅杆被折断，船舵被毁坏，船桨也被冲走了。

即便如此，船并没有翻，这已经是等同奇迹的幸运。若是掉进这暴戾的海中，恐怕瞬间就没命了。

骑手尽全力站稳了脚跟。

这是闯入了台风眼吗？风和雨似乎短暂停歇了，浪涛却如恶魔一般荡漾着。朦胧中能望见天空中挂着月亮，可缠绕的云层依然令人发怵。

必须趁现在重整一下状态。舀出小船底部的水，尽量修补破损，最重要的是将你的小船与我的小船用绳索连接在一起，以免落单。

夜晚的大海如此阴暗，要保持联系是极其困难的。一不留神，小船们就会分散,很难重逢。

稍等一下。

你注意到了吗?正是这种情况,才能让我们直面一个问题。

在漆黑又汹涌的海上漂荡着的我们,如何才能维持彼此的关联?使用什么样的绳索,如何连接才更牢靠呢?

身处小船时代,如何去"爱"?

这是我们在下一次暴风雨来临之前需要思考的事情。

我们很容易孤独

先从了解现状开始吧。

"那样一来,我就真的孤身一人了。"

那是我们在诊疗室找到的旅途出发点。

仔细想想,真是奇怪,明明当今社会充满了各种各样的人际关系。

为了工作必须和许许多多的人来往,使用 SNS(Social Networking Services,社交网络平台)后更是随时都可能认识新朋友。人类史上,应该没有哪个时代的社交途径比现在还多。

然而，我们却变得这么容易孤独。就算有朋友、家人以及恋人的陪伴，还是会突然感到孤独。

比方说：不想一个人吃饭的时候，虽然想约某人一起吃，又会害怕给对方添麻烦；遇见麻烦事时，也不知道该向谁求助才好；状态越差，越是不想见人。

生活在颂扬骑手的社会中，我们会不自觉地将他人视作危险的存在。

"关联"这个词听起来美好，实际上我们却非常害怕建立关联。

请试着回想一下。大部分我们所无法释怀的伤口，其实都是来源于关联。人际关系中的我们，时常会遭受残酷的攻击和深刻的背叛，自以为牢固的关联，也可能在一瞬间决裂。关联，是那样的岌岌可危又缥缈无常。

我们将此归咎于"劳动"的小船化。因为"劳动"将"爱"吞噬了，关联才会变得如此困难。

但事实并不止是这样。

现代社会的"爱"本身也有了很大的变化。

究竟发生了什么，导致了怎样的变化呢？

"爱"的小船化

相比"劳动"那急剧的变化，"爱"的变化或许是很难察觉的。

毕竟，这种变化是在五十年间缓慢发生的。

但它确实发生了。

和"劳动"一样，"爱"的载体也从大船过渡到了小船（虽然还不完全）。

结婚就是个很好懂的例子。

在大船拥有压倒性力量的时期，社会生活的结婚通常都是由非自身意愿的因素促成的。早些年里，由亲属主导的相亲结婚也比比皆是。谁与谁将建立关联，往往都由大船预先决定。

即使到了现代，这样的风气也依然残留着，相亲照样很常见，就算是从自由恋爱走入婚姻，也需要招待亲戚和同事参加婚礼。也就是说，结婚需要双方所属的团体成员聚集一堂，一同为两人的关联送上祝福、认可与担保，通过这种方式，让伴侣加入自己的团体。结婚这种制度，早已被大船思维所渗透。

不仅仅是结婚，朋友及工作伙伴之间的关系也是如此。

过去的职场关系就是典型例子。同事们在白天肩并肩工作，到夜里又一起去喝酒，就连休息日打棒球也是同一批人。住在职工宿舍的话，家也靠在一起。

那时的人际关系基本取决于所属的团体，学校、公司都像一个个村落。该与谁互相关联，不该与谁有所关联，通通都由大船安排。

大船之上的关联，既有好的一面也有坏的一面。

因此受益的人必然不在少数。毕竟不需要自己寻求他人建立关联，大船还能保护这种关联不轻易决裂。从这个角度来看，大船避免了我们陷入孤独，维持着我们人生的安稳。

而这种关联的负面影响则在于"不自由"。我们很难拒绝大船安排的关联，也很难与大船否定的对象建立关联。身处大船上，就算面对讨厌的人也不得不压抑自己的抗拒，有时甚至需要放弃与真正感兴趣的人建立关联。

安稳却不自由，这是大船生活中以组合形式出现的两大特征。

接着，大船的力量渐渐衰弱了。

你的祖父母那一代人之间建立关联的方式和你这一代完全不一样吧？

我们的长辈们一点一点地使人与人之间的关联转向了小船化。与谁相连、与谁分割全由自己决定，他们为我们赢得了这种自由。所谓"爱"的小船化，指的就是"关联"的自我决定化。

莎士比亚的《罗密欧与朱丽叶》讲述的就是一对男女由于家族敌对（大船敌对）而无法如愿建立关联的悲剧故事。如果他们出生在现代，或许就能乘着彼此的小船相遇了吧（比如通过婚恋交友App相识）。那样一来，还有谁能阻止他们呢？他们一定会在LINE（日本常用的一款即时通信软件）互相发送着"哦，罗密欧""哦，朱丽叶"，轻松又快乐地相连。如果彼此感到厌烦了，也只需要留下一句"永别了，罗密欧"之后轻点屏幕拉黑对方即可。

要与谁建立关联成了你的自由。

性别、年龄、国籍等都不再受限,一切由你自己决定。

要建立何种形式的关联,也是你的自由。

住在一起也好,不住在一起也罢;会抚摸彼此的皮肤也好,互不相碰也无所谓。

只需要用你喜欢的方式相连就好。

这种自由选择权并不局限于伴侣,与朋友、家人的关系也是如此。

你可以和最好的朋友绝交,也可以断绝亲子关系。如果一段关系让你感到痛苦,只需要逃离就好。没有任何问题。

关联的小船化给予我们自由,也不可避免地会带来负面影响。

▎易碎的纯粹关系

大船上的"爱"以自由为代价换取了安稳,小船上的"爱"则是以安稳为代价换取了自由。

当你自由地选择对方时,意味着对方也拥有同样的选择权。假设我非常想与你在一起,可只要你不愿意,我们就无法在一起。

脱离大船的干涉后,我们之间的关联变得脆弱了,一不小心就会中断。

社会学上,这种关联方式被称为"纯粹关系"。这个名字看似美好,实际非常棘手。

所谓纯粹关系，是"仅仅"建立在两人想在一起这个前提上的关系。它诞生于彼此相守的意愿，只在两人都感到满足的情况下才能存续下去。

只有与对方建立了美好的关系，才会产生"想在一起"的想法。金钱、育儿或是世人的眼光等外因影响下的"在一起"，并不能算是纯粹关系。

想与对方相连，所以"在一起"——像这样目的无限接近于结果，为了"在"一起而"在一起"的关系才是纯粹关系。

从这个角度来说，或许外遇是最典型的纯粹关系。

因为就社会环境而言，两人显然是不在一起更好。毕竟外遇不会给当事人带来任何外界的好处，不仅会伤害身边的人，还会引发很多社会治安层面、经济层面的危险。

然而，两人还是因为想在一起而在一起。在这种意义上，外遇或许不是极致肮脏而是极致纯粹的关系，简直就像罗密欧与朱丽叶。

正因如此，纯粹关系是易碎的。

为了相连而相连的纯粹关系相当于独脚站立。一旦心意转变，这种关系就会轻飘飘地消散掉。

这也是我们经常感到孤独的原因。无数的小船漂浮在海上，随时会相连，也随时会分离。

这就是我们这个时代的"爱"。

多条绳索

问题在于,我们明明活在这么容易陷入孤独的世界里,却无法忍受孤独。

或许有人会说:"我不需要与谁相连了,孤独就是最好的。"

但我认为,会这样说是因为曾经在人际关系中受到了无法磨灭的伤害。或者说,那个人虽然在现实中是独自一人,但心中仍然与某个重要的人共存着(记忆是一种财产)。

也有人会说:"人嘛,到死总要独自上路的。"这的确是事实。

但如果要这样说的话,也必须承认"人啊,出生时毕竟是两个人"。我们都来自某个人的身体,至少在那个瞬间,并不孤独,我们的心上,铭刻着与某人相连的感觉与记忆。

虽然有时与他人相连的痛苦会盖过一切,但我们同样会为无法与他人相连而痛苦。这就是心的本性。

我们将始终渴求与他人建立关联。散落在海上的小船,总在寻找着其他的小船。

说到这里,总算能回到开头的提问了。

连接小船与小船的绳索究竟是什么样的存在?什么才是真正的关联?

简单的回答是无法解惑的,因为连接小船的绳索是多种多样的。

没错,所谓关联是很复杂的。

有时候,你明明需要朋友,却在找寻恋人;明明渴望着父母长辈的存在，却在一味地扩张社交圈。

绳索是多种多样的。在不同的时候，有的绳索能连接到我们的孤独，有的却不能。

这就是麻烦之处。这会让我们陷入混乱的局面，失去方向，弄不清楚自己需要的到底是什么样的关联。

这种时候，就轮到辅助线出场了。

请见证！

人与人之间的关联究竟由什么构成？

果断地画出那条辅助线吧。

待烟雾散去，映入眼帘的是共享与私密。

这两个家伙是何方神圣？

共享与私密

这是我们与他人相连的两大原理。社会学称其为"共同性"与"亲密性"，我们暂且用"共享关系"和"私密关系"来代替吧。

"共享关系"正如其名，是通过与"大家"的共享而建立起来的关联。

请试着想一想那些与你共享通宵工作的团队同事，共享育儿心得的"妈妈友"[1]，共享青春的同学，甚至共享病痛或是心理障碍的自助小

---

[1] 有孩子的妈妈之间相互结成的朋友关系。

组[1]成员。你与上述这些人员的关联，都建立在与多人共有某物或是某种感受的经历的基础上。共享的内容没有限制，可以是同一时间、同一地点、同一问题、同一任务等。俗话会用"同吃一锅饭"表示同甘共苦，通过共享，我们会自然而然地变成朋友、战友或者同志。

与之相对，私密关系则是深入你的"私密"领域而建立的关联。

请试着想一想你与恋人或伴侣的关系。我们对于这类存在，会不自觉地寻思"他真的重视自己吗""对自己来说这个人真的重要吗"。此时我们关注的是"真心"，也就是一般会隐藏起来的私密感受。这种进一步深入内心的关系就被称为私密关系。

私密关系会呈现为各种形式，并不局限于恋爱。

例如与挚友的关系，大部分人会将其归入共享关系，但有时也会发展为私密关系——当你与挚友推心置腹地交谈，思维毫不保留地碰撞时，就有可能发展为私密关系。

亲子之间也是如此。由于不了解彼此的心情，有时会爆发激烈的争吵，甚至吵到断绝关系。可如果能一起经历这种考验，亲子关系就会加深，双方会迈入彼此更私密的部分。

无论是何种情况，这种关联的决定性因素都是"你"而非"大家"。当你主动想到"希望这个人理解我"时，只有你们俩才能体会的关系就诞生了。你拥有着让私密关系萌芽与生长的能力。

---

1 面临相同困难的人们自发组织起来互相帮助的团体。

听到这里感觉如何呢？对你来说，共享与私密这两种关系大概都不陌生吧。

如果有相关的经历，能否请你试着回忆一下呢？

共享关系中的你和私密关系中的你，应该感受到了不同部分的心肌在跳动吧？

究竟有何种不同呢？

没有伤害的关系

上文中提到了人数众多的情况容易结成共享关系，单独的两人则更容易结成私密关系。这很容易想象，即使都是一起吃饭，三人以上的共处与两人独处的氛围也很不一样。

不过，这只是一般情况下的结论，并不代表三人以上的活动就一定会发生共享，两人独处就一定会深入私密。正如挚友之间既可以是共享关系也可以是私密关系那样，与家人、伴侣乃至其他人的关系也是混合着共享与私密的。

既然如此，共享与私密的本质区别是什么呢？

我想，区别在于"如何对待伤害"。

首先，我们来分析一下共享关系中的人是如何对待伤害的。

例如妈妈友们因为共享育儿操劳而成为朋友，她们会交流类似"哪家餐厅能带孩子一起去"这类信息，互相照看孩子，等等，为彼此提供实际的帮助。

从这个层面来说，拥有妈妈友能带来许多便利。然而，这种便利本身是可以用钱买到的——加入会员制的网站就能获取许多育儿方面的信息，孩子也可以托付给临时保姆。结交妈妈友并不是为了免费享受这些服务。

这种关系的最大价值在于她们共享着相似的伤口。为育儿付出的辛劳，因生产而暂停工作的不甘，以及来自周围及社会的不理解，等等，妈妈友之间可以分享这些负面情绪。

正因如此，她们会互相鼓励、互相支持。当某人感到痛苦时，会替她生气、陪她发牢骚；当某人遇见困难时，也会设法提供帮助。信息交流与照看孩子只是其中的一部分而已。

妈妈友们很了解彼此受的伤，因此会格外注意不做出伤害对方的事。如果某人受挫，她们会安慰对方"都是没办法的事"，而不是出口责备"都是你不好"。这种情况下所诞生的即是"没有伤害的关系"。

这种没有伤害的关系不仅存在于妈妈友之间，社团活动的同伴、负责同一项目的团队之间也会存在。

待在一起时，能共享彼此的操劳并互相理解。人们可以在这种环境中倾诉泄气话、请求帮助，知晓"拥有这种苦恼的不是我一个人"。

更重要的是，在这种没有伤害的关系中，我们会表现得更"像自己"。

当我们受伤或面对伤害的来源时，会很容易变成"讨厌的家伙"。那是因为想保护自身，不得不进行武装。

但共享着这种感受时，因为知道对方不会伤害自己，我们也能解除武装。身处安全的关系中，我们会坦诚地表露出"像自己"的一面。无须武装很轻松，同一环境下的人也会因为你不会伤害他们而将你视作一个"好人"。

所谓性格好坏，其实也受环境影响。你会变成"讨厌的家伙"，有时也可能是身边的人导致的。

来总结一下吧，共享关系是没有伤害的关系。

身处这种关系中，我们会格外注意不伤害到他人，也不用担心会受到他人伤害，这种安心感能让我们表现得更像自己。

▎互相伤害的关系

接下来，我们要分析的是私密关系中的人是如何对待伤害的。如果要先说结论，那就是"互相伤害"。

例如亲子关系中的"出柜"，这是一种向重视的人坦白个人私密的行为。

出柜其实也分各种各样的"柜"，在此我想以社会学家砂川秀树的书《出柜》（朝日新闻社出版）为参考来讲述。我想通过他作为性少数群体所著的这本书，和你探讨向父母坦白自己是性少数群体的这种行为。

砂川先生在书里分享了一个女儿向母亲坦白自己是同性恋的事例。

她深知自己可能会受伤，也可能伤害到母亲，可即便如此不安，她依然希望得到母亲的理解，因为母亲是她所重视的人。于是，她决定坦白自己的私密。

人们的私密，有时会被接受，有时不会。

这个案例中的母亲虽然在女儿出柜时给予了真情回应，可事实上并没有发自内心地接纳她的私密领域。

女儿天真地为自己得到理解而欣喜不已，全然不知母亲因为无法消化这件事而陷入混乱，连续两三个月都以泪洗面。

两人就这样走向了分歧。私密领域的分享反而让她们变得疏远了。这一分歧，在某天忽然暴露出来，女儿才发现两人从来没达成互相理解。

原来自己并没有得到母亲的肯定。女儿深深受伤了，下定决心才勇敢袒露的私密遭到否定，等同于自己的存在本身被否定了。于是，女儿责备般地说"原来妈妈也有偏见啊"，再次深深伤害到了母亲。

两人陷入了彼此伤害的状况。

这可真是令人痛心，这样下去，两人断绝关系也不是没可能。袒露私密，往往就伴随着这种风险。

不过，修复关系也是有可能的。

在这个事例里，母亲和女儿的关系最终还是迈向了修复之路。两人花了很多时间，得到了周围人的帮助，同时也试着互相帮助。

母亲努力地想要理解女儿。她阅读了各种关于性少数群体的书籍，积极地学习并收集相关信息。在此过程中，她认识到自己对女儿造成的伤害，也理解了女儿是如何殷切地向自己诉说。

砂川先生的书主要聚焦于母亲的视角，并没有详细地描述女儿，但我想这位女儿一定也付出了相当多的时间去思考与理解母亲的心情。实际上，就是她向母亲推荐了那些书。两人齐心协力修复着这段出现裂痕的关系。

砂川先生写到，在《出柜》中，比起坦白的瞬间，更重要的是在坦白后也持续关注彼此的关系是否出现了裂痕，并及时地进行调整与修复，从而构建出新的关系。

互相伤害时，双方都是孤独的。那是一段非常煎熬的时间，但同时也是双方试图触碰彼此内心的证明。正是想要触碰，才会不小心造成伤害。

在那段时间里，她们会一点一点地告诉对方自己实际上是一个怎样的人，她们因此而再次认识对方。

这种时候，两人所追求的并非回到从前，而是尝试着将旧关系构建成新关系。通过接受女儿是同性恋这个事实，她们看见了更真实的对方，交流也比以前更坦率了。那段彼此伤害的痛苦时间，也给了她们更深刻相连的契机。

当然，"互相伤害"后再构建新关系这一过程，并不只会发生在性少数群体的家庭里。

所谓亲子关系，其实是一种表面看似相当了解对方，实际上会越来越不了解对方的关系。因此，需要时不时袒露私密，以更新彼此的关系。否则，会在某个回过神来的瞬间，发现无法再一起生活了。孤独随时都在我们的身后追赶着。

不仅是亲子之间，伴侣之间、挚友之间，甚至师徒之间也存在着同样的问题。

时间的流逝会带来状况的改变，人也会因此而改变，私密领域也随之无限扩张。

因此，想要维持私密关系，必须在不同的阶段一次又一次地深入对方的私密领域。为此，会不可避免地造成深深的伤害，即便如此，私密关系也必须通过这种方式来构建新的关系，才能存续下去。

来总结一下吧。私密关系是互相伤害的关系。

私密关系中的两人之间会发生摩擦，彼此伤害。与此同时，摩擦也是一种打磨。围绕着私密的互相伤害，其实也打磨着你和对方一起生活下去的形式。

▎私密是危险的

没有伤害的共享关系与互相伤害的私密关系……

现代的"爱"存在着两种方式，你应该也不例外，利用这两种方式与他人建立关联来抵御孤独吧。

不过你必须注意，私密关系是伴随着风险的。

亲子或是恋人关系中频发令人痛心的暴力，上司与下属之间的职权骚扰也不少见。时代不同了，现在那种缺乏考虑的热血教师可能只是碍事的存在。

"互相伤害"这一私密关系的性质，会很轻易地引发支配、榨取行为，甚至造成无法补救的暴力。两人犹如被困在密室中，一旦开始互相伤害，就很难得到有效的干预。

私密关系中既存在有意义的互相伤害，也存在单方面的破坏性暴行。如果你身处的是后者那种关系，请头也不回地逃离。

逃离并不简单。毕竟私密关系是由彼此的伤口牵扯与交缠而成。将人与人分开的是伤口，将人与人紧紧缔结在一起的也是伤口。

不完整的人们就是这样相连而活的。两人之间，会存在无数无法对他人言说的狼狈以及只有对方才能懂得的丑陋。想要加深私密关系，只能停留在其中，不断地就复杂的问题进行复杂的交流。

可小船之上的我们很难应付那种程度的复杂状况。同乘小船的我们，一不留神就会因为互相伤害而遭受致命伤。如果停留在那种关系里，会导致很多无法挽回的事情发生。

闯入他人的世界、自己的世界被他人闯入都是伴随风险的。这是我们这个时代最根源性的恐怖——对他人的恐惧。

▍共享在前，私密在后

因此，我觉得从共享开始建立关联会更好。

难过时有伙伴可以发牢骚，感到寂寞时见见面就能缓解。

小船是脆弱的。正因如此，当身心逼近极限时应当先想到共享，从没有伤害的关系中获取支撑力，先确保安全，再调整自身的状态。

反过来说，当身心逼近极限时，私密关系应该是一种禁忌。在那种情况下追求私密关系，很容易被对方所支配或涌起支配对方的欲望。

因此，心理健康护理致力于推广共享关系。

由身处相同困境的人们结成的自助小组能有力地支撑起其中的个体，这几乎已经成为共识，连政府都参与进来，为发展人与人之间的共享关系提供条件和场所。

不仅如此，除了如同两人独处密室一般的诊疗，现在还流行起了以小组形式聚集在开阔的空间里接受团体治疗的模式。

依靠共享关系，容易受伤的小船也能得到最低限度的支撑，这是现代社会的趋势。我自身也认同共享关系更安全，这是毋庸置疑的。

然而，我还是想说……共享关系并不是万能的。

长处总是伴随着短处，积极作用也总是伴随着副作用，这是来自辅助线的智慧。自然，共享关系也不例外地会有无能为力的时候。

当连接着你的绳索全是"共享"的时候，你也会陷入孤独，不是吗？

你并不需要和身边所有人都建立私密关系，也并不需要时时刻刻都拥有某种私密关系，因为那确实是会带来危险的关系。

虽说如此，但有时候偏偏也需要纵身跃入那样的危险中，去深入他人的内心，你知道是什么时候吗？

以身犯险才建立的深刻关联，又会给予我们什么呢？

这是必须回答的问题。

故事的力量

哎呀，风变强了，海浪也更汹涌了。月亮被乌云吞噬，周围变得一片漆黑。

糟了！你的小船开始进水了。

请移动到我这边来。快！

好，有些狭窄，稍稍忍一忍吧。没错，这样就好了。

接下来，要进入最危险的海域了。请看那边的旋涡。什么时候撞上暗礁都不奇怪了，风还吹得这么凶。

即便如此，也必须前行。

必须行至私密关系的最深处。

仅靠辅助线是不够的，抽象的图形无法诠释"关联"这种极其复杂的东西。

我们需要借助故事，故事才能原原本本地呈现事物的复杂性。

因此，让我们请美树小姐再次登场吧。

那个孤独的她，后来疗愈得如何？

美树小姐闯过的暴风雨，应该能给我们回答。

共享关系是没有伤害的关系，私密关系是互相伤害的关系。生存于小船之上的我们，大部分时候都需要安全的共享关系，但有时也需要危险的私密关系。到此为止，都还没忘吧？

那么，"有时"究竟是什么时候？

冒着风险踏入他人的私密领域，我们又会得到什么呢？

还记得美树小姐的故事吗？没错，那个失眠的女人。

在暴君般的父亲和完全无法依赖的母亲身边长大的她，不曾依靠任何人，独自活到了现在。PDCA 的循环片刻不停地运转着，她像五星级酒店的经理一般，用不断服务他人的方式生存着。这令她取得了社会意义上的成功，同时也夺走了她的睡眠，让她陷入了孤独。

于是，她决定开始漫长的疗愈之旅。

她的夜航之旅可以让我们看见"共享与私密"的本质，即"什么是真正的关联"。

美树小姐的夜航之旅

诊疗刚开始的阶段,和美树小姐的交谈总是非常舒服。即使在诊疗室里,她也一直发扬着酒店工作人员一般的服务精神,简直像宴会厅的引导员那样,礼貌又简明地陈述着自己的问题,流畅地表达自己对于治疗的想法。

而我只需要在一旁听着就好。在我偶尔发表一些感想的时候,她也能立刻洞察到新的方面:"的确像你说的那样,我以前都没意识到。对了,我又想起一件事……"我仿佛成了一位超厉害的心理咨询师。

不仅如此,诊疗才过去三个月,她就告诉我,她已经得到了改善,睡眠质量也比之前好了。

"多亏了诊疗。"她露出完美的微笑。

怎么可能这么快?从中学时期就困扰她的顽固失眠,不可能在这么短的时间内就得到解决。诊疗本该是由我治愈她的痛苦,而现在反倒成了我受到体贴的招待。

对她来说,依靠其他人就是这么困难的事吧。让 PDCA 不断循环的她,即使接受他人的诊疗,也要试图独自分析与解决一切问题。"怎么办才好?"她从不会这样寻求建议,不曾流露痛苦,也没有任何情绪化的发言。

因此,我好几次试着问她:"你是不是想在这里也当一个好人,所以没有展示痛苦的一面呢?"我想和她讨论"她无法依靠别人"这一点。

然而，她并没有领会我的意图。她只是庆幸能找到这样一个说话的地方，也觉得自己的倾诉已经足够多了。她的世界里似乎根本没有"依靠"这个概念。

没经历过，自然也无法想象。想到她的成长历程中确实不存在任何一个可以依靠的角色，我悲伤不已。

就这样近半年后，冬日来临了。某天，美树小姐迟到了二十五分钟。这非常稀奇，她的时间安排一直是滴水不漏的，总会分秒不差地摁下门铃。

然而，她只在一开始说了句"迟到了，不好意思"，便再也没提及这件事。她连外套也没脱，就条理分明地诉说起了这一周的经历。她一如既往地分析着自身的问题，然后又提出自己想到的解决对策。

诊疗室内的暖气很足，她擦了好几次汗。或许是我的错觉，她的呼吸也稍显急促。于是，我叫停了一句接着一句的她，开口询问：

"不用脱外套吗？"

"啊，也是呢。"她脱下了外套，"我忘了。"

我再次抛出了问题：

"是迟到让你感到焦躁吗？"

美树小姐倒吸一口气，迟疑了一会儿，才慌张地答道：

"……我担心让东畑先生不愉快了。"

透过她露出的破绽，我窥见的是一旦没有表现完美就如同惊弓之鸟一般的她。与此同时，我也确定了她在这半年的诊疗里仍然试图完美地控制着自己，以避免依靠我。

既然如此，她为什么会迟到？是什么打破了她自己的完美？

▌ 突然的坏状态

她之所以迟到，是因为突然的坏状态。

那天的她，原本也和往常一样预留了足够的出行时间。可当坐上暖气充足的地铁，一股想要呕吐的冲动猛地涌了上来，她拼尽全力地想抑制住那种感觉，可还是败下阵来，中途下车冲进厕所。她先是呕吐，然后一段时间无法动弹；回过神时，已经赶不上约定的诊疗时间了。

这是怎么回事？在我的询问下，她坦白可能是昨晚喝太多酒的缘故。

"喝了多少？"

"……大约半瓶威士忌。"

真是夸张的饮酒量。

据美树小姐所说，自从开始诊疗，自己的饮酒量就越来越大。夜里睡不着会很不安，只好喝酒来消解。

"不知道怎么跟我说吗？"

"我觉得这不是该在这里说的事情。"美树小姐一脸苦涩，"我自己也能应付过去。"

"今天的迟到或许是偶然，但就结果而言，确实是处于坏状态的你来到了这里，不是吗？"

我想告诉美树小姐的是，这次迟到是她内心的马引起的，而不是骑手。

"……我不太懂你的意思。"她显得有些迷惑。

"或许是'坏状态的那个你'想被我看见。"

我更清晰地表达了出来：

"也就是说，存在着一个想要依靠他人的你。"

她没有否定，只是沉默了一会儿，接着像浑身力气被抽走了一般，瘫在了沙发上。

"或许是，或许不是吧。"

那次以后，诊疗的氛围出现了细微的变化。虽然她的举止依旧像酒店工作人员，可时不时地会陷入沉默。诊疗不再像是她单方面提供服务，她开始给自己时间来摸索内心，考虑如何表达。

在此之前，她只将失眠视作问题，但渐渐地，她开始谈起了生活中的不安、失落以及自我厌恶。

不只夜晚的饮酒成瘾问题，就连白天她也会突然陷入坏状态。有时明明在好好工作，自我厌恶感却会猛然袭来，她只好逃进没人的会议室里，设法平复自己的情绪。

突然的坏状态——在之前整整半年，她连提都没提过。

蠢蠢欲动的马

提起心理诊疗，大家的印象或许都是全身心地信赖着心理咨询师，袒露自己的伤痕。然而，实际状况复杂得多，尤其是美树小姐这种过于"自立"的人，即使在诊疗中，也会试图维持那份"自立"。因为这类人根本没有其他模式。

即便如此，她还是在一周又一周的诊疗里，渐渐产生了"依靠"的意愿。持续的见面，会让人彼此熟悉，这种熟悉，让她冻结的部分开始一点一点地消融。

这带来了美树小姐的坏状态。受伤的马蠢蠢欲动，就会带来这种结果。由于无法依靠任何人，她将受伤的自己竭力压抑在内心深处，一旦产生依靠他人的念头，受过的伤就会浮出表面。

不得不面对被忽视至今的自我厌恶与不安是很痛苦的。因此，她喝酒越来越凶，想以此麻痹感受。

然而，马一旦有所行动就很难停下了。马在地铁里突然暴躁，让她迟到了，通过这种不按时出现在诊疗室的方式，将痛苦中的自己暴露了出来。那之后，我们稍微能够谈论她受过的伤了。

当然，只是稍微。这仅仅是诊疗的序章，不过作为起点并不差。

循环 PDCA 的伙伴们

诊疗持续快一年的时候，美树小姐按照原计划正式开始了创业的各项准备。那可真是艰难，除了每天应付公司内的工作，还需要见各种各样的人，推进各项事务。

意想不到的纠纷接连发生，进展不如意更是家常便饭。即便如此，美树小姐也不曾气馁，凭借着卓越的管理能力将难题——化解。为了解决问题，她只能不断循环自己的PDCA。

但相比之前，她确实也有一些变化。美树小姐变得偶尔会示弱和发牢骚了。客户的傲慢、同事的冷漠、用结果评判过程中的一切努力的残酷职场等，她开始在诊疗中诉说一些日常生活里的糟心事。这些现在进行时的负面情绪与成长中的痛楚重叠起来，她也会提到父亲的傲慢、母亲的冷漠和那段学习成绩就是一切的时光。通过谈话，她向我展示了更多的内心风景。

她的人生始终无法摆脱心虚的感觉。无论过去还是现在，美树小姐都是一只无依无靠的小船。她曾经也试着依靠家人，结果就是父亲发怒、母亲身体垮掉。现如今，客户令她感到疲惫，同事也对她敬而远之。

没有任何人会伸出援手，必须靠自己，失败的后果也只能自己咽下。所以，她不得不独自循环PDCA。PDCA对她来说，是将"靠不住的他人"这种存在从人生中分割出去的方式。

因此，唯有在PDCA运转顺畅时，她才能够忘却自己的空虚，相信自己有能力独自活下去。可是，这种安心并不持久。她很快又会遇见新的困难，再次空虚起来。除了循环PDCA，别无他法，这就是她人生里反复上演的剧情。

夜里因失眠而陷入不安，白天因自我厌恶而无法动弹。她正在被一直以来麻痹着的空虚感所吞噬。

美树小姐的大脑其实很理解自己的状态,所以,才会自己笑自己。

"我又在独自一人循环 PDCA 了呢。"她笑得有些悲伤。由于没能找到其他途径消除空虚的感觉,她只能重复老办法,对此我也无计可施。

她向我展示了伤口的所在之处。只不过,坐在诊疗室里的美树小姐始终都是一位优秀的职业女性。就算她的空虚已经微微显露,我们也无法真正地触碰那里。明明与我共处一室,她却依旧孤独。诊疗陷入了僵局。

就在这段时间,我发现美树小姐在描述一些事情时,会不自觉地以"这件事我和朋友也说过""朋友也说我"开头,这很"不像她"。在此之前,她的发言里出现的只有冷漠的"敌人"。

我试着问了问她,得知她与创业交流会上认识的四名男女在脸书创建了飞书信[1]群组,近来聊得很频繁。起初,群聊的目的是交流有关项目的情报,可不知从什么时候起,大家变得也会聊一些与项目无关的话题。项目告一段落后,这个群组也没有解散,反而聊得更火热了,群里有时一天会狂飙好几百条信息。

群里有已经创业的人,也有美树小姐这种正准备创业的人,每

---

[1] Facebook 旗下的通信软件。

个人都有丰富的履历，并且尝试着将人生道路开辟得更宽广。美树小姐担心的事，他们也同样担心，美树小姐觉得有价值的事，他们也同样觉得有价值。每个人都循环着严谨的PDCA，他们成为能够共享很多感受的伙伴。

如果在群里分享生气的事，大家会一起生气，一起说别人的坏话；如果分享困扰的事，大家也会慷慨地出主意。大家讨论着有趣的见闻，每当有成员遇见好事，就会得到大家的祝福。这个群组成为一个能够分享各种事情的地方。

这种联系支撑起了美树小姐。围绕着创业的方方面面的问题得以分享，她也从中获取能量从而一次又一次地撑了过来。更重要的是，这种互助的关联给了她一种"自己不孤独"的感觉。工作间隙，她总会查看有没有新的消息，看见新消息就会很开心并迅速回复。这成了她的新生活习惯。

某个晚上，她一如既往地睡不着。随着群聊的节奏，她不知不觉地提到了自己小时候的经历。那个夜晚，父亲怒吼不止，母亲离她而去。她从未在诊疗室以外的地方提起过这种事，本意也是想故作轻松地介绍一下自己有点奇怪的家庭。

成员们的反应让她很意外。他们表示自己也有相似的成长经历。虽然具体事件不同，但每个人都无法依靠父母；别说依靠了，父母简直是带来伤害与威胁的存在。为了保护自己，他们开始了PDCA的循环，至今也为了不依靠任何人活下去而一头扎在工作里。原来大家在私下也有同样的伤痕。

这成了一个很大的转折点。

"我家,根本不是什么普通家庭对吧。"

说着,她情绪有些激动。

"之前我就说过一样的话,你当时并不认同吗?"

"东畑先生是这么说了,我还是有些怀疑,想来想去也没有肯定的答案。"

她笑了。

"不过,听大家的经历时,我不禁觉得那种事很过分。这就代表我家也很不正常吧,该怎么说呢,忽然懂了。"

通过伙伴们的伤痕,她切实地看清了自己的伤痕,伙伴们亦是如此。他们表示很感谢美树小姐的发言制造了一个契机,使他们也意识到了自己曾遭受过的痛苦。

通过共享受伤的经历,群组的成员之间建立了越来越特别的关联。小船们聚集在那个重要的地方,享受着片刻的松懈。

分散依存

她居然会这样和其他人建立关联。我刚听说时,感到很惊讶。

不过,仔细想了想后,我发现她的心原本就存在着能与他人相连的部分。

美树小姐有哥哥。曾经她与哥哥就是互相支撑的关系,两人共同面对着应付父母的困境。美树小姐有过一段依靠他人的时期。

这样想来，此时的她似乎正在让她体内存在过的、另一个作为"妹妹"的自己复苏。

我想诊疗起了一些作用。她在每周一次的诊疗里，学会了示弱。示弱的累积，渐渐唤醒了她身为一个妹妹时的感觉。

只是，激活她内心那个"依靠哥哥的妹妹"的角色，很可能同时会带来"那个哥哥已经离她而去"这个事实的影响。

一旦选择依靠他人，就要承受遭到背叛时受伤的风险。就算是心理诊疗，也存在这种局限性，从这个角度来说，好像还是孤独一人更好。

正当这时，创业者之间的群组带来了转机。建立关联的初衷当然是共享同样的经历与感受，但在我看来，还存在着另一个原因：群组内的关联并非一对一的形式，而是多人相连，见面时大家一起见面，发送的信息也是每个人都会收到的。

也就是说，并非"依靠某一个人"，而是"依靠大家"，这种形式分散了个人的依存需求。

说到这里，我想起了儿科医生熊谷晋一郎先生的故事。他本人是一位脑性瘫痪[1]患者。

东日本大地震[2]时，熊谷先生所处建筑的电梯停止了运行，致使他失去了逃离的途径。熊谷先生平时依靠轮椅移动，如果不使用电梯是无法离开建筑物的。

1　脑性瘫痪，又称脑性麻痹、大脑麻痹，或简称脑麻、脑瘫，形容的是在幼年早期出现的永久性运动障碍。

2　指日本于2011年3月11日发生的东北地方太平洋近海地震，包括随之而来的巨大海啸以及余震所引发的大规模灾害。海啸引发了福岛第一核电站事故。

同一栋建筑里的其他人几乎都逃走了,因为他们可以轻而易举地借助楼梯或是梯子离开。

那次经历,让熊谷先生产生了新的想法:残疾人之所以被视作"依存"的角色,是因为他们能够依存的对象非常有限,而健全人之所以是"自立"的角色,是因为他们拥有大量可以依存的对象。因此,所谓自立,不过是依存的对象多而已。

共享关系的本质在于"大家",原因也在于此。

比起依靠一个人,还是依靠一个群体更安全。如果全身心地依靠单一对象,遭到背叛时会万劫不复。相比之下,将依存需求分散给多个对象,能够有效降低风险。

不仅如此,比起将一切托付给一个人,分散着托付给多个人,彼此都会更轻松。依靠的一方更能确保自己的安全,被依靠的一方也更能接受。

共享关系的安全,在于和"大家"相连。只不过,由于将依存需求分散给了众人,依存的效果也是有限的。

退群的达也先生

在共享关系的支撑下,诊疗进入了第二年的后半年,那对美树小姐来说是一段丰富多彩的时期。她的状态渐渐稳定,虽然失眠问题没什么显著改善,但不安、自我厌恶和失落感已经缓和了很多。以前感到状态不佳时只能独处,现在她可以通过群聊得到伙伴们的陪伴。

不仅仅是精神层面有改善,她的人生也切实地朝着未来前进了。她终于辞去工作,迈出了创业的一步。这说来轻巧,其实美树小姐纠结与犹豫了很久,直到做最终决定前还保留着留在公司的选项。

当时,正是伙伴们给了她力量。群组的主要成员达也先生更是决定性地推了她一把,他说:"要是失败了,再找个公司上班不就好了。"

"美树小姐的能力去哪儿都没问题,实在不行就来我公司嘛。"

这句话给了她很大鼓励,终于让她下定了决心。

她最擅长的就是在规避风险的前提下推进各项事务。为此,她一直循环着 PDCA。虽然忙得不可开交,但得益于周全的准备,她的事业正式启航了。这段经历,也在某种程度上给予了她自信。

然而,顺遂的时光没有持续太久。这次是群组内部发生了变化。

推动美树小姐踏上新道路的那位达也先生退群了。那时他的事业受到了重创,他遭到好几个客户的背弃,营业额因此骤减,资金完全周转不开。他鼓励美树小姐的那些话,或许也是在说给不安的自己听。

他在任职于某公司时,以副业的形式开始了自己的事业,如今已经成立公司好几年。所幸公司没什么外债,达也先生决定先停止公司的运营,重归职员生活。他原本就在公司里当过程序员,这不算难事。

这件事对群组而言是很大的冲击。毕竟他们建立关联的初衷,就是共享创业路上披荆斩棘的感受。

和美树小姐一样，伙伴们都很担心达也先生，纷纷向他表示了支持。可群组内部依然出现了温度差：一边是朝着未来积极挑战的伙伴们，一边是因败北而撤退的达也先生。他们之间有了无法共享的感受，继而形成了无法填补的沟壑。

达也先生开始和群组拉开距离："抱歉，最近太忙了。"他的回信越来越慢，也不再参加群里的饭局了。

大家虽然担心达也先生，但也无能为力。不知道该如何向他搭话，即使搭了话也会被无视，彼此处境的不同，对他而言是一种伤害。群组内有了摩擦，开始弥漫着尴尬的氛围。

最终，达也先生主动提出了退群。我想这也是他顾虑大家的心情而做出的决定，在出现更大的冲突前，先保持距离比较好。

就这样，达也先生的小船独自远去，驶入了其他的航线。

原本五人的团体缩减至四人，这成了群组面临的第一次危机。不过，他们之间的联络并没有因此中断，甚至比以前更活跃了。为了守护群组内建立的关联，他们继续密切地交流着。不知不觉中，群里的氛围恢复自然，大家也习惯了不再有达也先生的参与，仿佛他从未存在过一样。大家和以前一样在群里狂飙信息，分享着各种事情，互相帮助。

然而，这件事让美树小姐的状态变得不稳定了。一种难以名状的寂寞笼罩了她。

曾经的不安与自我厌恶再次来袭，她在诊疗中说："一想到这个群组也不是永远都会存在，就感觉很伤心。"

讨论这件事的过程中，我发现在她心中达也先生的退群仿佛再次上演了哥哥离家的剧情。她想起了当时父母的反应以及不得不附和那种氛围的自己。

人与人之间的关联，是缥缈无常的。为了自己的存在不被抹去，必须不断取得好成绩。年少时感受到的不安再次被唤醒，却也无法向伙伴们倾诉。一旦说出来，可能会伤害到他们，甚至动摇群组的存在。为此，她忧心忡忡。

然后她采取了意想不到的行动。

仿佛追寻着离去的哥哥那样，她开始频繁地和达也先生联系，甚至单独见了面。据她描述，是想回报达也先生过去给予自己的帮助。不过，我想应该不仅是那样，美树小姐自身似乎并没有意识到，她内心的马正期望着"与他人建立更稳固的关联"。因为直面了共享关系的局限性后，她产生了"寂寞"的感受。

达也先生或许也感到了寂寞和心虚吧。两人的联系越来越密切，见面次数也越来越多，关系因此急速发展。最终，他们成了恋人。

我也被这件事吓了一跳。诊疗至今已经快三年，这期间美树小姐别说是交往了，就连对男性抱有好感这种事都没有发生。此外，虽然她以前谈过几次恋爱，但每次都没持续多久就结束了。

她的心一直以来都被自己的事情塞得满满当当，此刻却腾出了容纳他人的位置。

她需要达也先生，达也先生也需要她。于是，两人有了更惊人的进展。

他们第一次旅行并外宿了。在出发前的诊疗里，她向我吐露了很多不安的想法："在陌生的房间里，究竟能不能睡着？果然还是不去比较好吗……"总之，她顾虑重重。

然而，那些都成了多余的担心。她整晚都睡得香甜，身旁那个令她安心的人，让她有了入睡的能力。睁开眼时，清晨的阳光已经从窗帘的缝隙间投射进来，阳台传来鸟的叫声。她在高原的酒店里，阔别数年地收获了一次自然而舒爽的睡眠。

在那之后的一次诊疗里，她欣喜地诉说了这一系列的事情，她的语气如少女般天真无邪。她说自己自然而然地睡着了。她细细回味着当时的喜悦，那正是她最初来到这间诊疗室时所追求的目标。

接着，她诚恳地回顾了两年半来的经历，清晰地感受到了自身的变化。她会示弱了，结交了志同道合的伙伴，还成为一名经营者。不仅如此，她还找到了恋人，渐渐能自然入睡了。这无疑是极大的成果。"此刻在这里的我，已经不是从前的我了。"她满足地说着，很庆幸自己选择了开始心理诊疗。

太好了。我也这么感慨。可是，我还不能毫无顾虑地为她庆祝。因为我觉得最关键的问题还没有得到解决。

她很开心，因为自己做到了与他人亲密相处。我也认为这是值得珍惜的经历，并且真心希望她能一切顺利。

聚集的小船

共享关系有着缥缈无常的一面。

例如妈妈友之间的关联会随着孩子长大而变淡,同学聚会这类活动也会随着大家为生活奔波、各自组建家庭而渐渐不再举办。

在人生某一时期为自己带来容身之处的那些关系,也可能在某一刻悄无声息地断掉。当各自的人生局面转变,可以共享的事物越来越稀少,因共享而建立的关联自然也会轻飘飘地散去。

想到这里,难免会感到悲伤。不过,共享关系的优点其实也在于缥缈无常。

毕竟退出妈妈友的圈子不需要去政府交申请单,也很少有人会希望收到十年后的同学聚会日程安排吧。共享关系的好处,就在于可以自由加入、自由抽身,如同小船自由地聚散。

换一个角度来说,共享关系中的小船不可避免地需要接受孤独的结局。自己是自己,他人是他人,人们遵循着这条分界线相连。这很好,但也很寂寞。

我想,在达也先生退群时,美树小姐深深感受到了这种寂寞。正因如此,她才会期望建立起一种更深的关联,这就是她与达也先生达成私密关系的原动力。

就结果而言,她能够入睡了。与达也先生待在一起时,她的不安被化解了,因为她获得了与他人稳固相连的安心感。

那就像两人离开自己的小船,一起乘上了另一只小船。拥挤之间,两人的心相触了,这或许就是她所追求的状态。

然而，这并不算大团圆结局。狭小的小船仿佛屏蔽外界的密室，伤害总会在那种地方疯狂累积。

▍背叛

美树小姐与达也先生的交往是认真的。两人早已是能够被称为大人的年龄，随着约会次数变多，两人自然而然地讨论起了未来。他们已经分享了很多自我，今后似乎也会持续分享。因此，如果想要继续加深这段关系，结婚或许也是不错的选择。这成了两人的共识。

然而她却在这时做出了令人费解的举动。她和达也先生之外的男性也有了关系，并且不止一人。她居然有了三个时常会见面，甚至还会一起过夜的对象。

她本人对此也很困惑。在此之前，她虽然有过和男性亲密交往的经历（每一段都结束得很快），但从未同时与其他人发生关系，甚至连想都没想过。自己究竟为什么会像现在这样和多人保持关系？

"我也不太清楚，回过神来时已经这样了。"

"是想得到什么吗？"我问道，"毕竟这样会带来风险啊。"

"……我不知道。"她迷茫地答道，"我明知道会伤害到他，可还是忍不住想联系其他人。"

那之后，她也继续过着与其他男性见面的生活。她非常清楚这种事无论是对自己还是对达也先生都不好。"我必须珍惜达也先生。"心里明明这样想，却无法阻止自己。她甚至会在和达也先生约会后直接去见其他男性。

究竟发生了什么？为什么会变成这样？这段时期，我们就这些问题进行了一次又一次的交谈。

从交谈中我了解到，在与达也先生的相处中受伤时，她就会产生想见其他男性的欲望。两人表面进展顺利，其实充满磕磕绊绊。

创业失败的达也先生被动地回到了公司职员的身份，这正是他人生的低谷期。他在尽力忍受现状，也想控制好自己的情绪，却还是忍不住在美树小姐面前日复一日地发泄不满，用肮脏的话辱骂周围的人"怎么个个脑子都有问题""全是傻子""根本不懂我的价值"。

美树小姐努力地倾听着他的抱怨。她能够理解他表露出来的痛苦，也愿意支持他。那时她会发挥酒店从业人员般的服务精神，用温柔将他包裹。

然而，达也先生的言行越来越目中无人。他将美树小姐那毫无怨言的包容视作理所当然，嚣张得忘乎所以。这样的他，和不懂得感恩母亲的孩童有着同一种傲慢。

达也先生开始用居高临下的态度评判她的工作方式，也不愿再听她的建议，时不时还会嘲弄她的长相和身材。

我想，他是受伤了，他已经将自己贬为一个毫无价值的可悲存在。意识到自身的可悲是件很痛苦的事，所以他会忍不住想将那种痛苦转移到美树小姐身上。人在郁郁不得志时，很容易变成这种"讨厌的家伙"。

美树小姐依然迁就着他，与此同时，她也感到了恼火。这让她觉得不可思议——在此之前，她几乎从未被其他人激怒。即便如此，她还是压抑着自己的怒火，保持着五星级酒店员工特有的微笑，然后和其他男性联系。

美树小姐的状态实在让我无法放心。她的内心盘旋起了一种复杂的焦躁。她本人也对这样的情绪摸不着头脑，只觉得矛盾的感情在互相挤压。为了梳理她的情绪，我们持续着交谈。达也先生粗鲁的态度让她感到愤怒，但背叛达也先生让她内心充满罪恶感，而不得不独自承担这些情绪又让她感到痛苦……不，不单单是这样。

她之所以感到愤怒，是因为她对达也先生抱有期待。她希望达也先生和至今遇见的其他人不一样。这段关系让她受伤了，她没有自己提出，却说"希望他能发现自己伤害到了我"。所以，她才会愤怒。对他人抱有这种期待，加深了她内心的纠结。这是她初次体验到的感受。

更糟糕的局面冷不防地出现了。

某天，美树小姐在达也先生家冲澡时，放在桌上的手机突然振动了。达也先生漫不经心地扫了一眼，发现屏幕上显示着其他男人发来的信息："下次什么时候见？"一瞬间，所有事情都暴露了。

"我遭到了背叛。"达也先生想。他脸色煞白，浑身僵硬，无法相信自己的眼睛。紧接着，他头脑混乱地朝浴室里的美树小姐大吼起来："这是什么啊！"被深深伤害时，人们会为了缓解那种疼痛而伤害对方，只希望对方伤得比自己更重。

"这算什么事！"他用凶狠的语气追问她，"你说话啊！"

美树什么都说不出来。她不知道该怎么说。

"这一天终于来了。"

她的脑海里只剩这一个念头，心也逐渐冻结了。刚从淋浴室里出来的她头发还是湿漉漉的，任达也先生咒骂，毫无回击之想。

那场景，简直再现了那个被父亲怒斥的夜晚。

美树小姐只能任由自己持续受伤，达也先生的伤口也在咒骂间变得越来越深。两人的关系开始遍布伤痕，他们在伤害与破坏着自己。

混乱

两天后，极其憔悴的美树小姐来到了诊疗室。她脸庞消瘦，皮肤干燥起皮，眼神也变得空洞了。她诉说着和达也先生之前发生的事情，一次又一次地哽咽。

她的精神状态绝对算不上正常。达也先生那煞白的脸和没完没了的咒骂在她的脑海里反复上映，即将遭到抛弃的不安将她压垮了。她觉得自己是极其可悲的存在，自我厌恶到想去死。原本的不安在此刻化作强烈的孤立感与破灭感，整整两天，她一刻也没睡。

"我不知道该怎么办。"她抽泣着，"我想死了算了。"

实际上，她已经好几次差点从公寓的阳台跳下去。神情恍惚的她，在那里徘徊。

"我好想消失。"

事态已经极其危险。一旦用错误的方式对待眼前的美树小姐，很可能直接导致她的破碎。可是，她在这种状态下仍然选择来诊疗，在我看来也是宝贵的——美树小姐居然暴露了自己最脆弱的部分来求救。若是以前的她，这根本无法想象。

总之，她需要睡眠。她陷入了混乱中，消极的想法接二连三地涌现在脑海里，无法停止。这完全不是可以回顾和整理事态的状况。首先必须让她镇定下来，之后再做其他考虑。为此，她需要停下工作，借助医疗的力量。

我向她介绍了自己熟悉的心理医院，劝她去拿一些助眠的药，先设法平静下来。我向她说明了这种情况下的处方，就算是为了妥善处理已发生的问题，也应该先休养一阵。她需要的是渡过眼下的危机。

她拒绝了。

"不要。我最开始就说过不想依赖药物吧。"她强硬的语气令我不禁屏住了呼吸。她的眼神，释放着鲜明的愤怒："我不就是为了不吃药才来这里吗？"

我似乎弄错了什么。可是诊疗已经到了结束时间，过不了多久，下一位患者就会来到这里。我们已经无法继续对话了。

"我知道了。下周，再谈一次吧。"

我想尽量让她下周继续接受诊疗。语罢，她突然又使出了酒店待客礼仪，用恭敬却无比冰冷的声音回答了我：

"明白了。"

一字一字，都带着刻意的刺。我知道，这表示她在排斥诊疗。

果然，下一周她没有来，甚至连一通取消诊疗的联络电话都没有打。下下周也一样。我感到了深深的不安，担心她是不是自杀了。以她的状态而言，发生那种事也不奇怪。最重要的是，我居然在她求救的时候没能握住她伸来的手，这让我产生了强烈的罪恶感。

与此同时，内心里仍然有一个冷静的我在试图弄清事态。"再等一等吧，首先得静下心来。不能无意义地浪费时间。"冷静的我如此说道。

我等待着。三周后，我终于在美树小姐原本的诊疗时间段里收到了邮件。那像是一封单方面的通知书，她表示诊疗到此为止，会将擅自缺席的几次费用汇过来。严谨规范的行文中，隐含着她的愤怒。

考虑了一整晚后，我回了一封简单的邮件。有些复杂的话，还是更想当面和她沟通。

"感谢您的联络。您想结束诊疗的意愿，我已足够了解。不过，我希望能再见面谈一次，还请您考虑。"

刚开始心理诊疗时，我和她之间的合同里有写到，结束诊疗时需要当面沟通。当初提出这个约定，就是为了应对这种问题的发生。我赌了一把，但愿这个约定还没作废。

她当天就回复了我。

"明白了。我会在老时间拜访。"

就这样短短的一句话。

不成熟的关系

这一次,发生在美树小姐身上的正是互相伤害,而且,是极其惨痛的互相伤害。

首先是达也先生伤害了美树小姐。当时的他已经明显出现问题,他试图朝美树小姐发泄自身的可悲。这实在是幼稚至极。

达也先生正处于人生中郁郁不得志的时期。我想,他是想得到依靠,却又不知道这种时候该如何依靠他人吧。

这样的他,遇见了仿佛能包容一切的美树小姐后,自我控制系统失灵了。达也先生袒露着自己幼稚又不成熟的私密部分,以此攻击美树小姐。

这种情况下,美树小姐因为无法向达也先生传达自己有多受伤,转而和其他男性约会。

这个选择包含着两个原因。

其一,美树小姐想通过这种行为避免和达也先生互相伤害。她在与其他男性见面的过程中,能轻易地排解掉达也先生给自己带来的焦躁感(据说她会像达也先生对待她那样,以粗暴的态度对待那些男性)。这样一来,她就不用攻击达也先生了。

其二,这是对达也先生的一种复仇,通过背叛他,美树小姐的报复欲能得到满足。

美树小姐既不想伤害达也先生,又想伤害他。

我想达也先生在她心中就是如此特殊的存在。所谓愤怒,是对达也先生抱有希望才会涌起的情绪。如果感到绝望，认定了这个人永远不会理解自己，随之产生的只会是"放弃"。

对美树小姐来说，达也先生不是一个仅靠保持距离就能结束关系的人。

"在你心里，我真的是重要的存在吗？"她想要如此向达也先生发问，可是她的做法也同样不成熟，导致了惨痛的局面。

私密关系是危险的。两人之间的特殊关系越是深入，就越会利用各自的伤口、弱点与不成熟去攻击对方。共处密室般的小船，人们会在彼此相对时暴露自己私密的痛楚。

当我们深入了解对方时，对方也在深入了解我们，这是加深关系的途径。可是，过程往往充满了曲折。她无法向对方坦白自己的焦躁而选择和其他男性约会，达也先生也变成了她父亲那样的暴君。展示自己希望对方了解的私密部分，就是如此艰难。

可是，人与人之间深刻的关联就是如此建立的。我们都不成熟也不完美，想要更深刻地相连，就会忍不住暴露弱点伤害对方。关系的深入，也伴随着风险的加剧。

你可能在想，那果然还是不要和他人建立私密关系比较好。

或许是吧。美树小姐这次的关系或许会再次迎来噩梦般的终结，甚至给她带来毁灭性的伤害。

但这并非绝对。或许，他们能为这个伤痕累累的故事找到其他的好结局，互相伤害过后，这段关系也许能得到修复。

这是私密关系中最大的难关。

该逃离,还是留下呢?

这完全取决于美树小姐和达也先生。

伤痕累累的故事在此刻交汇

我与美树小姐在一个月后久违地见面了。与上次消瘦憔悴的模样不同,这次她化着干净的妆容,但表情看上去落落寡欢,整个人散发着一种紧迫感。

一开口,她就告知我,她没有与达也先生联系,也断了和其他男性的往来。接着,她冷淡地补了一句:"这样就好。"

"那么,能让我终止诊疗吗?"她的语气非常直接,似乎铁了心想斩断所有的关联。

"能说一说想终止的理由吗?"

"没有说的必要。"她果断地答道,"不需要了,仅此而已。"

我能感受到隐藏在她平静外表下的愤怒。

"我觉得是有理由的。上次,我推荐你去医院时,你就已经恼火了。我想我伤害到了你。终止治疗难道与这无关吗?"

我一说完,只见她深深吸了一口气,肩膀也跟着颤抖了。接着,再也无法压抑的情绪倾泻而出。

"我一直很生气,你总会说些偏离重点的话。我和其他人约会的事,根本就不想被你评论。即便如此,我也忍耐着,按照你说的去做。可是,你甚至一点也没有察觉到我的忍耐。我有时会说'或许是那样,我都没意识到'对吧?那其实就是在说'我不觉得!'身为心理咨询师你连这种心情都察觉不到,也太离谱了吧。你根本不懂别人的心!我一直都很绝望。说到底,我只是想睡着而已。我不是想谈恋爱,也不是想要朋友,都怪你才会变成这样。睡也睡不着,工作也没心思了。我已经完蛋了,好想变回以前的自己。无论如何我都配合着你到了这一步,到最后的最后,你居然让我去医院,我真的灰心了。我早就说过绝对不想依赖药物吧!你什么都没听进去。来这里的时间都是浪费。都怪你吧!都怪你,才会变成这样吧!都是你的错!这种诊疗,我只想赶紧结束。一点用都没有——"

激烈的暴风雨席卷了我的诊疗室。她持续怒吼着,毫不留情。我一句话都无法插入,只是任由自己被她责骂。

她并没有说错。我听着她的怒吼,对她的话产生了认同。我的确说了偏离重点的话,也没有真正地了解她。我这才意识到,自己居然给了她这么大的伤害。

我觉得很可悲。自己像个废物,花了这么长时间却造成这么大的失败。可同时,我也感到无奈,美树小姐的责备太单方面了。事实上,我一直都尽全力认真地对待她的心理诊疗,美树小姐也曾经为这几年来自己身上发生的变化而喜悦。可是,我无法将这些说出来。该怎么说才能把我的意思传达给她,我一点头绪也没有。我的心仿佛骤停了一般。

她仍然怒吼着,我也仍然找不到语言。我甚至觉得,这种单方面的攻击永远都不会停止了。

正在这时，我猛地意识到。

这不就是她的遭遇吗？

正如那个她被达也先生单方面怒斥的夜晚，还有那个她被父亲痛骂着、无处可逃的夜晚。现在不过是立场对换后发生在了我和她之间。此刻，我正品尝着她所受过的苦痛。

想到这里，我的心总算微微颤动，也渐渐恢复了思考能力。接着，我理清了上次的诊疗中究竟发生了什么。

她当时在向我求救，而我却推荐了医院。到现在我依然不认为那是错误的判断，可我应该更慎重地进行劝说，那不是应该在诊疗结束时匆匆忙忙说的话。

在她看来，我应该是一个逃兵。没错，就像那个放任她被父亲痛骂，独自躲进房间里的母亲。

在暴雨般的责骂中，我切身体验到了她所生存的世界。

这一刻，我触摸到了她伤痕的正中心。

发生在美树小姐身上那些伤痕累累的故事，在此刻交汇，促成了这个惨痛的时刻。相似的故事在她的人生里反复上演，我不就是为了替她找到不同的结局，才会和她开始这一系列诊疗的吗？

我不能停滞于此。

为此，我需要先从这种单方面的状况中抽身。那正是她一直没能做到的事情，她始终在单方面地提供服务，又单方面地承受痛骂。她在和父母、达也先生以及我相处时，都没能在感到受伤的时候提出来。这就是问题所在。

在我终于想到这一步时，她又追问起了结论：

"那么，能让我终止诊疗吗？"

依然是毫不留情的语气。

再不说就没机会了，于是我开了口。

"你想终止诊疗的心情，我真切地感受到了。我也知道了，是我的错，让你有了这么痛苦的经历。很抱歉。"我首先进行了道歉，这都是我的真心话。随后，我又加了一句："……即便如此，你还是发来了邮件，还像今天这样来到了这里对吧。"

暴风停歇了，时间也停止了。美树小姐僵住了。她稍稍沉默了一会儿，目光从我身上移开，接着仰起了头。究竟过去了多久呢？她重重地叹了口气，瘫在沙发上，发出了无力的声音：

"要终止很简单对吧，不再联系也不再来就好。"

"对，我也觉得。"

"……我早就知道。发出邮件的瞬间，我就知道无法这样结束了。"

"我也这么想。"

我们的目光交汇了。我眼中的她不再是愤怒的，而是悲伤的。

"我认为，想终止诊疗是你真实的心情，但你不想终止的心情也是真实的。你觉得我可能会懂你有多受伤，所以今天才会来到这里，像这样发怒。"

心不是单一的整体，愤怒的反面是期望。那份期望，藏在她此刻的私密领域中。

她再次陷入沉默，随后一字一字艰难地说道。

"我想，再和他谈一次，想向他道歉。"她强忍着眼泪继续说道，"做了那么过分的事，还有可能吗？"

"我不知道。"

我确实不知道现在是怎样的状况。不过，我还是将最想说的话告诉了她：

"但是，我觉得你的这份心意是很宝贵的。在我看来，你和之前不一样了，你是想要做出新的尝试的。"

她用力咬着嘴唇，轻轻点了点头。至少，我们的对话不会到此为止了。

和解时间

虽说如此，之后的发展也算不上顺风顺水。那是一段艰难的时期，美树小姐和达也先生再次开始了互相伤害，经历了很多痛苦的事。两人不断摩擦着，溅起了火星。那样的摩擦，渐渐重塑了两人的心的形状。

首先是美树小姐主动联络了达也先生，她说想再见一面谈谈。意外的是，达也先生很爽快地答应了。两人最初的谈话依旧惨烈。

达也先生的心中，仍然在回放那个看见手机短信的瞬间，根本无法交流。他因遭到背叛而深深受伤。那次见面重现了那个充斥着骂声的夜晚。实际上，那不过是达也先生的悲鸣："你究竟把我当成什么！"

当然，美树小姐也很受伤。即便如此，她也没有放弃。她一边道歉，一边说出了自己当时的想法：

"你的话伤害到了我。我其实很讨厌听那些话。"

她坦白了从未说出口的私密感受。

可当时的达也先生并没有领会她的意思。他只觉得自己又受到了攻击，于是又用骂声还击了。可是，他没有停止对话，他应该感知到了那句话里的某些情绪。

问题没能解决，于是延伸到了下一次的谈话。下一次依然没能解决，又延伸到了下下次。下次，再下一次，每次都保留着再次交谈的余地，本身就意味着两人在试图修复彼此的关系。即使没有挑明，他们也了然于心。

与达也先生持续对话的同时，美树小姐也坚持着心理诊疗。她倾诉着各种感受，绝望、悲伤、愤怒、期望等。后来，她还向群组成员们坦白了这一系列的事情。大家虽然很惊讶，但都接纳了她的坦诚，为她担忧，并且明里暗里地帮助着她。

从安全的共享关系中获取支持，有助于熬过私密关系的痛苦期，直面伤口需要相应的疗伤措施。

达也先生和美树小姐花了很长时间解决问题。这段时间是必要的。当一个人一边接受疗伤，一边直面伤口，时间会成为最有力的伙伴。随着时间流逝，痛苦会缓和，真心会化作有形的言语。

美树小姐学会了暂停 PDCA 的循环和放下酒店从业人员般的服务精神。在"劳动"的场景中，熟悉的流程会继续运作和起效，而在"爱"的世界里，她开始卸下武装，学会了坦率地表达自己的弱点和受伤的感觉。有时达也先生会无法理解她的感受，但她也学会了在原地守候，直到他可以理解。

达也先生也稍稍变化了。关于他的变化，说起来可是一个长长的故事，目前还是先不说了。可以确定的是，他也在用自己的方式夜航大海。

总之，时间渐渐改变着这两个人。他们开始磨合一起生活下去的方式。

那段伤痕累累的日子并非消失了，只不过，两人回想起那段经历的频率变低了；即使回想起来，伴随而至的疼痛也变得能够忍受了。伤口并没有消失，但是不再狰狞了，心也开始能够与伤口共存了。就这样，再次习惯对方的存在后，两人之间终于出现了快乐的时间。停滞在那个夜晚的两人，小心翼翼地重新出发了。那之后，二人的进展快了起来。像是要追回落下的进度一般，时间充实地流动着。

他们开始常常一起吃饭，一起出行。谈话内容也变得丰富了，有深入的交谈，也有尖锐的争吵，会毫无意义地闲聊，也会分享喜悦。自然，也会再次残忍地互相伤害。每次，他们都会为了达成和解，耐心地付出时间。

这样的时间积累着，在某一天，两人决定同居。他们决定先试着一起生活看看怎么样，那之后再考虑未来的事情。两人在谈话中共同决定了这件事。等决定后他们才回过神来，发现距离那个争吵的夜晚，已经过去了一年半。

哎呀，关于结局，我的叙述或许太简略了。
不过，我想这样就好。
毕竟那是私密关系。
很多事情，都是只有美树小姐和达也先生才知道的。那是独属于他们俩的伤痛、悲哀以及幸福，是两人深刻相连的证据，亦是财富。我们这些外人是无从知晓的。
我想这样就好。私密关系，本就是这样的存在。

美树小姐和达也先生的新住处，距离我的诊疗室稍远。两人的同居，对她来说是一个阶段的休止符。

因此，美树小姐决定以此为契机终止诊疗。虽然这是她的期望，但她看起来还是有些不安和寂寞的。不过，她也相信自己能够和达也先生一起接受今后的考验。问题总会再次发生，但两人应该能够好好沟通并共同克服难关。她有了好的预感。

持续了四年半的诊疗迎来了最后一集，那天下着淅淅沥沥的小雨，她约了上午的第一场诊疗，需要从新住处赶过来。

到了约定时间,门铃却没有响起。地铁呕吐事件后,还是第一次发生这种情况。最终,她迟到了十分钟,不知发生了什么,我忍不住担心起来。

不过,那天她的马带来的并不是坏状态的她。

"怎么了?"

她有些不好意思。似乎是刮起了风,乌云飘离了,雨也戛然而止。太阳探出了头,阳光透过窗帘缝隙照了进来。她笑得很可爱,然后开口说道:

"睡过头了。"

听见这句话,我也跟着笑了。

第六章

保护心灵的方式不止一种

畅快感与烦闷感

乌云消散，西边的天空映出了月亮。风吹得喧嚣，星星朝我们眨着眼。

快看，那个方向，海快到尽头了。阳光隐隐约约地投射在夜幕的边沿。

夜晚快要结束了，看来我们确实在朝着清晨前进。

真是好不容易活下来了呢！

熬过了暴风雨，实在是太好了。

小船已经破破烂烂，海水浸透了小船的每个角落，最糟糕的位置连木板都脱落了。

即便如此，绳索也没有被扯断。我们平安无事，这简直是奇迹。

本以为你的小船绝对没救了，可现在它还好好地漂在海面上呢。看来我们的小船在那场暴风雨里也一直牢牢地相连着。

这太值得庆幸了。

快回到你自己的小船上吧。

船上载有工具和少量木材，应该足够进行应急修理。

目标就在眼前了，请加固一下濒临损坏的地方，以抵御强风和海浪的来袭。

还有，把湿透的衣服脱下，换一件新的衬衫吧，否则很容易感冒。

夜航之旅中最重要的是让自己得到充分的保护。

有风，有雨，有海浪，甚至有来自他人的攻击，夜航之旅中存在着无数种可能伤害到你的因素。

绝不能对此毫无防备，必须整顿好装备，确保自己不因小风小浪而动摇。

你已经见证过互相伤害的关系，应该能够理解我这番话。夜航大海时，一瞬的疏忽都可能让心受到致命性的打击。因此，我们必须学习保护心灵的方式。

嗯，或许此刻正是时候。

一路上手忙脚乱的，一直都没找到机会介绍保护心灵的方式。

我想在迎来此次航海的终点之前，与你一起再思考一番。

没事的，放轻松吧。暴风雨已经远去了。

海面如此平静，白色蝴蝶正朝着曙光优雅飞舞。我们顺着潮汐的方向前进，稍稍随着潮水漂一漂也不必担心。

一边修理小船和晾好衣服，一边解决旅途中仍然留存的课题吧。

旅途已进入最终冲刺阶段。要相信，前方有美丽的朝霞等待着我们。

擅自修复的心

首先从一则寓言说起吧。

我想分享的是伊索寓言中的《酸葡萄》。

实际上,日本心理学界常常会以该故事为例,介绍保护心灵的方式。

饥肠辘辘的狐狸,发现一棵高高的藤上结着葡萄。看起来真好吃啊……好想吃啊……狐狸盯着葡萄,一跃而起。可是,狐狸够不着,这可真悲伤。狐狸并没有放弃葡萄,而是重复着弹跳。只不过,它怎么都够不着。

"好不甘心。"狐狸的怒气渐渐涌了上来,"本狐从未欺骗过人类,守礼守节活到了现在。现在却吃不到葡萄,开什么玩笑啊,你这葡萄藤!"

狐狸撒起气来,又猛跳了好一阵。跳着跳着,它只觉悲哀:

"大自然,何其残酷。"

狐狸汗流浃背,脚和腰开始阵阵作痛。"已经没辙了。"这个念头出现的瞬间,狐狸就切换成了另一种心态。

"不对,这葡萄,一看就超酸啊。"

想到这里,它又神采飞扬了。

"哎呀,幸好没力气再跳了。这下不用被葡萄酸到了。"

找回好心情的狐狸吹着口哨,离开了那棵葡萄藤。

狐狸成功地保护了它的心灵。

它断定"那些葡萄很酸",将没能摘到葡萄的痛苦,从自己的心里赶了出去。

你或许会感慨"真是个单纯的家伙",不过可千万别小看了这只狐狸。日常生活中的人类,其实也会做同样的事情来保护心灵。

求职受挫时,人们会想"那绝对是家黑心公司啦";被喜欢的人拒绝时,人们会想"无所谓,反正交往了也走不远"。我想,你应该也有类似的体验吧。这种时候的你,和那只狐狸没有不同。

这种保护心灵的方式,在心理学上被称为"合理化",它通过编造某种借口,减轻伤口的疼痛。

除此之外,当然还有很多其他的方法保护心灵,而我想强调的是疗伤的过程中,人们的心会擅自进入修复状态。

▎何为性格

保护心灵既不需要特定的魔法,也不需要参加昂贵的讲座学习心理技巧。毕竟,心的日常运作本就伴随着自动修复。

事实上,那只不幸的狐狸并不是在面临危机时强硬地给自己洗脑,"该保护你的心了!没错,那些葡萄很酸!"而是在得知自己不可能摘到葡萄后感到苦涩的瞬间,心擅自判定了"那些葡萄很酸"。

因此,这种现象的发生并不局限于吃不到葡萄的时候。例如遭到欺骗时,或者不得不嫁给讨厌的人时,人们的心就会自行进入修复状态，试图将一切合理化。

无论面临着什么，心都可以为了保护自己而进入修复状态。那犹如某种自动系统，就连本人也找不到任何开关进行干涉。

写到这里，我猜有人会说："哎呀，真可怜，我可是一直都顺其自然的。"但不好意思，我认为"顺其自然"同样是一种保护心灵的方式。

没错吧？你一定也是在各种经历中不断摸索，才达成了顺其自然的状态吧。想方设法地为自己疗伤却收效甚微，因此对于你来说，不刻意去保护心灵，学会顺其自然，就是保护心灵的最佳方式。

有人对任何事都无动于衷，有人却总是慌慌张张；有人编起借口又快又熟练，有人却习惯停止思考放空大脑；有人遇事就爱大吼大叫，有人却欲语泪先流。

我们正是通过这些方式，保护着自己的心灵。

你一定也拥有某种惯用的方式。这种默认模式般的反应，我们称之为"性格"。

保护心灵的方式：恰当与不恰当

根据状况的不同，保护心灵的方式也有恰当与不恰当之分。

如果以同一种保护心灵的方式应对所有状况，会活得非常辛苦，用错了方式有时反而会导致事态恶化。基于具体的状况，对保护心灵的方式稍作调整，有助于其发挥更好的效果。

那么，对于这些保护心灵的方式，我们该如何辨别它们在什么时候有益、什么时候有害呢？

有请辅助线登场吧！既然保护心灵的方式多种多样，我们不如潇洒地将它们分成两类。在此基础上，进一步思考此时你所需要的究竟是哪种保护心灵的方式。

请见证！
保护心灵的方式究竟由什么构成？
果断地画出那条辅助线吧。
待烟雾散去，映入眼帘的是畅快感与烦闷感。
这两个家伙是何方神圣？

畅快感与烦闷感

一是通过畅快感保护心灵，二是通过烦闷感保护心灵。

你或许在困惑："咦？畅快感倒是能理解，为什么烦闷感也能保护心灵？"

我懂你的困惑。

请回想你生活中那些畅快的瞬间：发牢骚很畅快，和伴侣分手很畅快，工作告一段落也很畅快。

畅快是令人享受的。你会觉得神清气爽，浑身都充满力量，因此，你会得出"感到畅快 = 成功保护了自己的心灵"的结论。

相比之下，生活中的烦闷瞬间又是怎样的呢？因上司的决定而烦闷，因伴侣的举动而烦闷，因工作计划没着落而烦闷。

烦闷是令人难受的。感到烦闷时，我们的情绪会非常低落。

正因如此，人们通常的逻辑是畅快感有助于保护心灵，而烦闷感对此无效。烦闷就像弥漫在心中的有毒气体，驱散烦闷感，就能收获畅快。

但事实并非如此。畅快感与烦闷感，都可以保护我们的心灵。

畅快感的本质是赶走心伤，烦闷感的本质是保留心伤，做法虽然完全相反，但二者都是疗伤的方式。

为什么说保留心伤可以保护心灵呢？

为了理解这一点，首先需要明确感到畅快时，我们的心态是怎样的。

心的排泄行为

我们平时会频繁地利用畅快感保护心灵。或许比频繁的程度更高，我们总在依赖畅快感，一部分人甚至存在滥用的情况。

这是一个追求畅快的时代。人们策划与提供着各种能带来畅快的服务，人人都在购买畅快。

解压就是获取畅快感的典型途径。例如去卡拉OK唱歌、吃便利店甜品、和朋友闲聊等，你一定也知道很多让自己畅快的方式。

不仅如此，关注你的周遭，也能找到数不清的途径获取畅快。

切断错综复杂的人际关系会带来畅快，得到意见领袖的启发会带来畅快，对房间里的杂物进行断舍离会带来畅快，阅读自我启蒙类书籍，让思考方式变得更加纯粹与乐观也会带来畅快。

"合理化"也是同样的原理。想到"那些葡萄很酸"时，狐狸获得了畅快感。

等等，你不觉得很不可思议吗？唱卡拉OK和断舍离，是完全不同的两种行为，却都能让我们产生畅快感。其中究竟发生了什么呢？畅快感，究竟是什么？

要了解心理上的畅快感，其实可以参考生理上的畅快。

我们同样可以通过多种多样的方式，让身体感到畅快。

去健身房锻炼、洗澡、瘦身、酗酒后的呕吐、上厕所等，都可以带来生理上的畅快。

上述行为的共同点在于都排出了身体中的废物。

流汗、去垢、减脂、吐出酒精与排泄都是如此。

没错，畅快感的根源是排泄行为。身体排泄正常，我们就能保持生理上的畅快。

与之相似的现象，其实也发生在心里。

上文中我们说到了"畅快感的本质是赶走心伤"，说白了，其实就是一种心的排泄行为。

事实上，解压就是排泄掉累积的压力，清理人际关系就是排泄掉多余的关联，断舍离则是从房间里排泄掉多余的东西。

正如便秘会令身体不适那样，心也需要定期地感到畅快，心如果一直不排泄，我们的精神状况也会变差。

畅快感带来真我

既然如此，心需要排泄些什么呢？

我们同样可以类比身体。

剪头发、剪指甲、洗去污垢、排泄都会让身体感到畅快。

这意味着，我们需要除去的是那些让身体感到负担的、偏离真我的物质。

心的排泄也是一样的。

排泄前，请仔仔细细地观察自己的心，你会找到其中"偏离真我"的部分。

比如，因辞去工作而感到畅快时，你其实早已意识到身处那个职场里的自己根本"不像自己"。你伪装着自己，朝讨厌的上司低头哈腰，应付一堆根本不适合自己的工作。和那种职场告别，同时也是和不像自己的自己告别。

再如，与限制你的行动、对你做的每件事都指手画脚的伴侣分手时，你也会感到畅快，因为你甩开了让你变得越来越不像自己的人。

当我们被强制要求"偏离真我"时，我们会感到受伤。听到难以接受的话，被逼着做内心不认同的事情，都会在我们心里留下伤痕。毕竟自己的人生被他人擅自干涉是最糟糕的体验。

遗憾的是，生存在这个社会上，必须接受一些偏离真我的事物，并在某种程度上变得不像自己。

"保持真我"是美好的期望，但无论身处学校还是公司，周围的人都不可能百分之百地包容你。我们必须按照环境的要求，不断伪装自己。

这样一来，我们的心中会繁衍出越来越多偏离真我的部分。回过神来时，仿佛自己的人生都变成了谎言。

因此，时常排泄那些偏离真我的部分是很有必要的。

没错，畅快感的本质是唤回真我，这也是其保护心灵的原理。

加倍返还

畅快感并非万能药。这类保护心灵的方式，存在着至少两个缺点。

其一，排泄物可能再反弹回来。

畅快感的根本来源是排泄行为，即排出心中的烦闷。心的排泄与身体的排泄不同，排泄物不会被冲去下水道，消失得无影无踪。

请试着回想一下听他人发牢骚时的感受。

那些牢骚话，虽然有时完全不会给你造成负担，但有时也会越听越难受。

假设某人总是过于刻薄地和你说同事的坏话，一开始你可能会表示认同"那确实很过分呢"；可如果对方翻来覆去地说，等你听烦了，反而会开始在心里吐槽："可是你也有点自私吧。"

这种情况下，对方或许会因为排泄掉了烦闷而感到畅快，你却有可能代替他继续烦闷。

没错，烦闷感是会转移的。排泄掉的烦闷，可能会转移到他人的心里。

这本身并非坏事。

烦闷感可以转移，这意味着我们可以代替他人承受烦闷。当自己状态不好时，可以先将烦闷委托给他人，等到自己状态好转后，又可以替他人分担一些烦闷。这种往来，就是人际关系的基础。

问题在于我们有时会无力替他人承担烦闷。当我们的心无法再容下更多烦闷时，为了保护自己的心灵，我们会寻求其他途径将接收到的烦闷发泄出去。

你或许也曾在听他人发牢骚后，转而去找第三者发牢骚："那家伙，跟我说了这种话。"等到那些话越传越远，最初发牢骚的人可能会遭受非议，陷入更无助的局面。

不，你可能还会采取更直接的报复。如果对方每天在LINE[1]上向你发大量牢骚话，你可能会忍不住烦闷地想"能不能考虑考虑我的心情啊"，最终毫不留情地回复："烦死了，别再和我聊了。"

过度排泄伴随着风险。排泄出去的烦闷，可能会循环一轮又反弹回自己心里，而且比当初的分量更大。此时的烦闷经过繁衍，你将收到"加倍返还"的烦闷。排泄烦闷，获取畅快，伴随着利息蹭蹭上涨的风险。这也是这类保护心灵的方式的特征。

俗话说"夫妻吵架，狗都不理"，你想稍稍排泄平日里积攒的烦闷，于是挖苦了伴侣几句。对方一听烦闷了，又回击你怨言。若是

1　日本常用的一款即时通信软件。

想将退还回来的烦闷再一次发出,你只能使用更苛刻的语言,对方急了,开始加大音量……这下家里硝烟弥漫,就算是肚子饿得咕咕叫的小狗都会受不了跑出家门。

▎良药苦口

通过畅快感保护心灵,还存在着另一个缺点。

在获取畅快感的过程中,有时就连对心有营养的东西,也会随着废物一起被排泄出去。

很多事情都是及时从心里排泄出去会更好。例如带着恶意的说教,源于嫉妒的忠告,绝对是一秒也不值得多留的。无论用多么端正的态度去听取那种话,都只会让心疲惫不堪(说到底,那些人的目的就是消耗你心里的能量)。摄入了毒素,当然是尽快排泄比较明智。

然而,这并不代表所有可以排泄的东西都没有价值。

例如恩师给予你的建议,有时候可能听起来刺耳,但随便排泄掉就太可惜了。那些话可能伤到了你,但如果你为此烦闷地思考一番,说不定能收获成长。

对过去的恋人耿耿于怀也是一个典型例子。

为了一时畅快而提出分手,随后却渐渐意识到"找不到那么好的人了",于是打电话和对方说:"和好吧。"对方却回答你:"抱歉,我已经有喜欢的人了,别再联系我了。"(这正是上文提到的加倍

返还）

受到畅快感诱惑时，不仅仅是废物，连苦口的良药也会被一起排泄出去。原本可以为你的人生提供营养的东西，就这样白白地流向了下水道。

过于追求畅快，会令我们形容枯槁。

因为营养伴随着废物、良药伴随着毒素一起被排出心里了。

过度清理人际关系，人会陷入孤独；过度固守真我，心会变得贫瘠。简化到极致的心，反而会失去弹性。

畅快感虽然有着保护心灵的作用，但有时也可能损害心灵。

那么，我们应该在什么时候追求畅快感，什么时候警惕畅快感呢？探讨保护心灵的方式时，这个问题是核心所在。

要找到答案，必须先了解另一类保护心灵的方式。

没错，轮到烦闷感出场了。

心的消化行为

当下社会中，烦闷感是不受欢迎的。毕竟烦闷是难受的，会导致情绪低落，甚至引发糟糕的经历。

说到底，人们对烦闷感的抗拒，也是受到了社会小船化的影响。

在危机四伏的大海上航行时，小船无法从容地载下多余的东西。因此，我们会逐一清除可能带来烦闷的因素，尽可能地让自己保持轻盈。

但请不要忘记,烦闷感也能发挥保护心灵的作用。烦闷虽然带着负面色彩,却也能为我们带来好的结果。

畅快感源于排泄心伤,与之相对,当我们感到烦闷时,其实是在消化心伤。

假设那只狐狸使用"合理化"后依然无法感到畅快,那它一定会为吃不到葡萄而懊恼,为自身弹跳力不足而悲伤吧。此时的狐狸虽然处于消极的情绪中,但这也代表着它正在消化自己吃不到葡萄的现实。

同理,当我们在求职路上受挫时,之所以会悔恨地感叹自己的能力和准备不足,是因为我们的心正在拼尽全力地消化这个遗憾的结果。

消化的过程的确很艰难。毕竟我们需要直面自己失去的或者得不到的东西,品尝无法如愿的痛苦。

可是,如果能成功消化眼前的现实,我们将迎来变化。

狐狸或许会不甘心自己如此窝囊,为了下次能得到葡萄,它开始绞尽脑汁地思考其他方式,然后下单了高枝剪[1]。我们也会在求职失败的悔恨中,认识到自己当下的实力,从而端正态度并尝试开发新技能。

没错,烦闷感会促使我们发生变化。

---

[1] 一种园林修剪工具。

烦闷带来变化

身体的消化与心的消化都是奇妙的过程。原本不属于我们的东西，不知何时居然成为我们的一部分，这简直是魔法吧。

与我们毫无关联的猪肉、番茄和莴苣菜，经过消化，成为我们的肌肉、脂肪、皮肤，甚至血液。

困难的工作、伴侣的攻击性语言也是如此，虽然会带来伤害，给我们留下痛苦的回忆，可待到消化结束，同样会化作我们的一部分。我们会变得能处理以前应付不了的工作，找到更好的方式和伴侣相处。

这就是畅快与烦闷在保护心灵时的对立做法。畅快是通过排泄偏离真我的物质，从而唤回真我，而烦闷是通过融解偏离真我的物质，使其成为自身的一部分。世间通常会评价后者为"成长"或是"成熟"。

不仅如此，带来烦闷感的事物也会在保护心灵的过程中发生变化。不仅是负责消化的我们会变化，被消化的事物也会变化。

如果说得更感性一点，就是"心伤"本身也会变化。

从事心理咨询师这份工作后，我被问过很多次："明明过去已经无法改变了，说来说去还有意义吗？"问这话的通常都是曾经被深深伤害过的人。的确，过去的事实是无法改变的，就算我们再怎么倾诉，失去的东西也不会再回来。

但是，为过去而烦闷的那些时间，会改变过去的意义和你对过去的解读。这就是心的奇妙之处。

来自某人的无情攻击、自己搞砸的某件事情等,以前光是回想起来都会愤怒或是羞耻到浑身发抖,但只要充分消化,再尖锐的记忆也会渐渐变得柔和,成为我们的心所能容纳的模样。

在此过程中,我们或许会发现自己也有不妥的地方,从而原谅那个恨之入骨的人。我们或许会发现自己其实尽了最大努力,从而原谅当时狼狈的自己。

疗伤就是这么一回事。即使伤口本身不会消失,我们也能在烦闷的时间里将它消化,赋予它更深层的意义,让它稍稍变成不同的样子。

这种消化是痛苦的,但是,美好也会从中诞生。

别犹豫,毒素要立刻吐出

当然,以烦闷感保护心灵的方式也存在着缺点,而且是严重的缺点。

烦闷有时会带来成长的契机,有时也会给我们的心造成致命伤,令我们一蹶不振。

想想也是吧。有我们能消化的事物,自然也有我们无法消化的事物。再怎么追求变化,能够发生变化的范围也是有限的。

这就是消化的痛苦之处。

例如来自上司的严苛要求,如果是努力就能够做到的事情,我们或许能在烦闷中收获成长;但如果那本身就是不可能达成的无理要求，我们反而会被烦闷困住，急得抓耳挠腮。

与伴侣的关系也是如此。如果两个人一起烦闷，可能会带来一些变化，但如果对方是习惯支配甚至会动用暴力的人，你的心只会在烦闷的过程中死亡。

消化毒素，会让我们遭受致命的伤害。因此，一旦摄入毒素，请立即吐出来，让自己恢复畅快。

不过，是否摄入了毒素，确实很难判断。

身处旋涡时，我们很难判断饮下的究竟是毒药还是良药。本以为"普通"的父母其实是"毒"父母，心目中过分的老师却在暗中提供了各种各样的支持……生活中，这种误会比比皆是。

此刻烦闷的事情，究竟值不值得烦闷？大部分情况下，都需要花费一些时间才能辨别。

可是，事态紧急时，毒素可能会趁着这段时间蔓延整颗心。

果然，无论使用哪一类保护心灵的方式，是毒还是药这个问题都是关键所在。

我们究竟应该在什么时候忍受烦闷感、什么时候排解烦闷感呢？

▎心灵需要他人的保护

先暂停思考，整理一下思路吧。

通过畅快感保护心灵，是将心伤排泄至外部，从而唤回真我。

通过烦闷感保护心灵，是在内部消化心伤，从而收获成长。

正如你所理解的那样，二者都很重要。当畅快感和烦闷感起到均衡的作用时，我们的心灵会得到正确的保护。

如果只有畅快感运作，我们的心会干巴巴地枯瘦；如果只有烦闷感运作，我们的心会胀得圆鼓鼓的。

无论吃什么食物，都必须消化与排泄。身体与心，都需要依靠这两种行为来维持健康。

问题在于如何具体情况具体分析地选用这两种保护心灵的方式。

何时需要追求畅快感，何时需要忍受烦闷感？或者说，什么时候必须保持畅快，什么时候必须保持烦闷？其中的判断标准是什么？

我们该以何为指南针，帮助心战胜伤痛呢？

旅途的终点正越来越近，就让我单刀直入地说吧。

答案是他人。

在你的世界里，有几个能暂时代替你承受烦闷的人？

他们就是你的指南针。

当周围有人能为你分担烦闷时，你可以放心地体会畅快。你应该也能将烦闷暂时委托给他人吧？减轻心的负担，才能从容地重整状态，这样一来，自然能峰回路转。你会有勇气再次面对值得烦闷的问题，深刻地烦闷一番。

反过来说，当周围的人没有余力为你分担烦闷时，盲目地为了保护心灵而追求畅快，反而可能陷入危险。因为周围没人代替你承受烦闷，那些排泄出去的烦闷会繁衍一轮再加倍地反弹回来。这种时候，畅快感会给你带来伤害。

所以说，这种时候只能默默地独自烦闷吗？

不，那未免太危险了。只有与他人紧密相连时，你才能在烦闷中朝着好的方向变化。孤身一人地陷入烦闷中，一不小心就会遭受致命伤。

当你的世界里没有人可以依赖时，无论是畅快感还是烦闷感，都无法保护你的心灵。

这种时候，你应该采取的行动既不是追求畅快，也不是忍受烦闷，而是向他人求助。

我们往往会认为自己的心灵应该由自己保护，可我认为心灵其实是需要他人保护的，在此基础上再做自己力所能及的努力。这才是正确的顺序。

当然，我理解你会想"找到能够依赖的人本身就是难事"。越是身处险境，越会草木皆兵，觉得周围没有人可以依赖。

不过，那或许是你将环绕着你的世界想得太残酷了。

仔细想想，我们被他人依赖的时候，其实会觉得挺开心的不是吗？帮上忙时，也会感到很安心。帮助他人的过程本身就能成为一种报酬，我想你应该也很懂那种感觉。

然而，轮到自己需要依赖他人时，却总觉得会给对方添麻烦，让对方难办。这太不幸了。

鼓起勇气发出求救信号吧，你会有意想不到的发现。人们在被他人求救或是征求建议时，其实很少会选择拒绝。自然，每个人能力有限，但光是知道有人愿意分担你的苦楚，就已经能在一定程度上支撑起你的心了。

你或许会说，这种观点太乐观了。但作为一名临床心理咨询师，我认为这是事实。

因为很重要，请允许我重申一遍。

选择畅快，还是选择烦闷，答案取决于你周围的人。

在确保有人能依赖的前提下，如果你还在犹豫该使用哪一种保护心灵的方式，那就先畅快，再烦闷。

这与共享关系和私密关系之间的抉择是一样的。不知道此刻饮下的是毒药还是良药的时候，先把它当成毒药来警惕，尽早排泄出去是最保险的。

真正值得你烦闷的那些事，就算再怎么排泄出去，还是会重新追上你。不如好好珍惜那些愿意支持你的人，等到重整状态、恢复精力后再去面对那些烦闷也不迟。这才是保护心灵的正确做法。

▎港口近在眼前

很好，这样小船就算修理完成了。小船虽然看着粗糙，用来应急还是足够的。

快看，东方的天空已经渐渐染上橙光，夜晚要结束了。我们的航海，似乎要抵达终点了。

朝霞之中，屹立着一扇巨大的水闸，能看见吗？

大量的船在其中穿梭，有小船，也有大船。噢！是以前遇见过的四艘处方船,一如既往地精神抖擞呢。

水闸的对面是港口和街道,隔着海都能感受到那边的活力。

白色蝴蝶飞去了水闸的对面,仿佛在给我们引路。

一鼓作气,冲过终点线吧。虽然有些不舍,但最重要的是好好结束旅途。穿过水闸,接受水手们的祝福吧。

咦?

蝴蝶又飞回来了,是特地过来接我们吗?

蝴蝶越来越大。它的翅膀在延伸,肢体也在膨胀,颜色变化着,甚至嘎吱嘎吱地蜕起了皮……哇!这是怎么回事?

庞大的身躯从天空坠向大海,伴随着轰鸣,溅起了剧烈的水花。

回过神来,只见一尊浑身斑纹的狮身人面像矗立在了水闸前。

第七章

幸福不止一种

积极与消极,纯粹与不纯

"你幸福吗？"

一尊狮身人面像如此问道。它摇摆着横在水闸前的斑纹躯体，发出了意味深长的笑声。

"你，幸福吗？"

我知道！这是一种古代怪物，叫作斯芬克斯，会挡住旅人的去路。

据说，它时常在希腊出没，喜欢卧在路中间，和路过的旅人玩猜谜游戏，如果答不上来的话，会被它吃掉。

一般来说，斯芬克斯会问"什么东西最开始是四条腿，然后是两条腿，最后变成三条腿？"，这时只需回答"人类"即可。

可是，这尊狮身人面像问的是："你幸福吗？"

真是一个麻烦的问题。

一听到这问题，就算是上一秒还怡然自得的人也会忍不住怀疑："我……这样下去真的好吗？"忙得焦头烂额的人也开始喃喃自语："其实，我还算幸福吧？"

这个问题有着令人驻足、陷入孤独的力量。它会动摇人们既有的价值观，为新价值观的形成创造空间。所以，传教活动中经常会提到这个问题。

这是一个引诱人们重新审视人生的终极问题。

既然如此，为什么斯芬克斯偏偏挑这个时候问呢？

这当然是有理由的。自神话时代起，斯芬克斯的每一次出现，都伴随着必然性。

请试着回想一下那只从古希腊飞来的白色蝴蝶。迄今为止，是它引导着我们使用了"处方与辅助线""马与骑手""劳动与爱""共享与私密""畅快感与烦闷感"这五种方法抵达了这里。

在此过程中，我们通过"case by case"的方式思考着"如何活下去"，一步一步地来到了终点前，最后遇见了关于"幸福"的提问。

显然，人生这段旅途的目的地，就蕴含在幸福之中。

或许有人会反对。不过，这并非我个人的见解，而是古希腊的大贤者亚里士多德提出的哲学结论。

名为"人生"的航海之旅中，有着各种各样的目的地——发财，出人头地，做合格市民，找到好伴侣，尽情发展爱好，等等。该以什么作为具体的人生目标，不存在所谓的标准答案，每个人都只能奔向属于自己的目的地。

即便如此，亚里士多德仍然看透了这些目标的共同点。他认为，这些人生目标其实都是获得幸福的手段。

的确，无论是"想发财"还是"想拥有更多时间发展爱好"，都不是为了变得不幸，说到底，都是想要幸福。

或许也有人会自暴自弃地想"就让我不幸吧"，可这种想法的潜台词其实是"希望有人能意识到我的痛苦"，最终所指向的依旧是某种幸福的感受。

所谓幸福，是隐藏在所有目标背后的"深层目标"。

正因如此，我们在抵达夜航之旅的终点前，会被问到是否幸福。

这是属于我们的目的地吗？想要判断这一点，必须弄清楚这个目的地是否能给你带来幸福。

"你，幸福吗？"

这也解释了白色蝴蝶的真实身份。一直引导着我们航行的其实是追问我们是否幸福的斯芬克斯。

那么，让我们试着回答这个难题吧。

为此，首先需要了解"何为幸福"。毕竟，如果连什么是幸福都不知道，根本无从判断自己是否幸福。

极简幸福论

何为幸福？

如果开始思考"何为幸福"，我们会发现"是否幸福"的答案非常有限。

被问到"你幸福吗"，我们要么会明确地回答"是，我很幸福"或者"不，我很不幸"，要么只能暧昧地回答"还行吧"或者"一般般"。

其实，心理学里有专门研究幸福的分支，学者们一般会采用问卷的形式调查人们的幸福指数，其中最具代表性的指标当数"生活满意度"，即被调查者对于自己人生的满意程度、个人情绪中积极的情绪占据多少。

但说实话，我觉得这样推算出来的幸福指数和"是""不""一般般"这些回答没什么区别。

描述幸福时，我们的用词总是很贫乏。

我想，这并不是因为我们的语文学得不够好。

"幸福的家庭总是相似的，不幸的家庭各有各的不幸。"这是广为流传的托尔斯泰的名言。瞧，似乎连擅长描写人性的俄国大文豪都觉得幸福很单调，找不到更丰富的语言去形容。

即使我们翻阅排列在书店里的"幸福指南书"，状况依旧如此。

关于得到幸福的方式，书里能找到五花八门的建议，例如运动、赚钱、感谢身边人……

但关于幸福究竟是什么，几乎所有的书都仅仅将其认知为一种"积极的情绪"。

这太奇怪了。

大千世界，明明有着多种多样的幸福，可一旦深究起来"为什么说那是幸福"，回答却显得极其单调——"因为那很开心""那很欢乐""那让我心情愉悦"。

是否幸福，这只能询问我们的心，而我们的心，往往只能做出极其简单的回答。

我将这种困境称为"极简幸福论"。

当我们试着认识幸福时，语言会变得匮乏，思考也变得过于简单。

正因如此，辅助线应该能发挥出很好的效果。在极简幸福论上画辅助线，挖掘出不同的幸福吧。我们需要更复杂的幸福论。

请见证！

幸福究竟由什么构成？

果断地画出那条辅助线吧。

待烟雾散去，映入眼帘的是积极与消极。

这两个家伙是何方神圣？

▎积极与消极

我们划分出了积极的幸福与消极的幸福。

我猜你又要吐槽了："说来说去还是离不开'积极'嘛！"那是当然的。

仰望碧蓝的天空时感到心旷神怡，抽中大奖时手舞足蹈，面对未来时充满希望，这些毫无疑问都是幸福的。

积极的情绪，当然是与幸福相连的。

因此，极简幸福论本身并没有错误，它确实勾勒出了某种幸福的轮廓，也能为我们指点迷津。

我想表达的重点在于极简幸福论并没有涵盖幸福的全部面貌，

幸福也存在着其他的轮廓。

问题在于"积极"与幸福绑定得太牢固了。想要跳出固有认知，我们需要解答以下两个命题。

命题① 发现积极的不幸
命题② 发现消极的幸福

请先看命题①。乍看之下，"积极的不幸"似乎在逻辑上有些奇怪，但我想你应该不至于毫无头绪吧。

比如学校里有一些班级的目标是"培养活泼开朗的孩子"，但你可能会觉得"阴沉一点也没惹谁吧"；再如人们常常会说求职时最重要的是"笑着向前看"，你听了反而郁闷"怎么又要求积极"；看着总能保持积极心态的人，你甚至会猜测他是不是在勉强自己。

拥有积极的心态，照理来说应该是幸福的，却难免给人一种身不由己的拘束感。

积极情绪常常会被认为包含着某种"难以形容的幸福"，而我们需要明确"难以形容的幸福"究竟是什么。

接着请看命题②。极简幸福论的另一个问题是"消极"与不幸绑定得太牢固了。

积极情绪变多就会幸福，消极情绪变多就会不幸——这是人们对幸福的基本认知。世间普遍认为将积极情绪增加至最大值，将消极情绪减少至最小值，就是绝对的幸福。

这不难理解。人生嘛，消极的事情还是越少越好。

然而，只要活着，就无法避免消极的事情会一件一件地发生。如果消极仅仅意味着不幸，我们的人生岂不是成为永远的防守战？那样一来，幸福仿佛成为只能在温室里培育的脆弱植物。

幸好事实并非如此。我们虽然会被消极情绪压垮甚至陷入绝望，但我们同样能因消极而有所收获。

消极情绪也常常会被认为包含着某种"难以形容的不幸"，而我认为越是隐藏在"害"之中的"益"，越有发掘的价值。

总之，积极情绪里既包含了幸福，也包含了不幸。消极情绪亦是如此。

遗憾的是，画出"积极与消极"的辅助线后，前者自动代表了幸福，而后者自动代表了不幸，幸福与不幸被划分成了完全割裂的两部分。

恐怕，是因为"积极与消极"这条辅助线太极端了。这条辅助线"生病"了，利用它划分幸福，只会让幸福显得更单调，无法为我们展示复杂的幸福论。

它需要治疗，我们必须医好这条生病的辅助线。

面包超人与细菌人

极端的辅助线会在复杂的世界里竖起高高的墙，将世界割裂开来，逼迫我们做出抉择。

你究竟属于这边还是那边？你是敌是友？

请试着想一想面包超人[1]的故事。

正如动画主题曲里唱的那样："只有爱和勇气才是朋友。"面包超人是一位极度积极的英雄。他是正义的伙伴，与仇恨或者胆怯向来无缘，象征着最纯粹的积极。

面包超人生活的村庄也是一个积极的地方。那里纯净而和平，虽然偶尔会发生"肚子饿"这种偏向消极的事，但面包超人会马上赶到，将自己的脸掰给对方吃。面包超人的脸虽然会因此出现惨兮兮的缺口，但很快，果酱爷爷就会为他换上一张完整的脸。

多么幸福的小世界啊！简直像小婴儿眼里的世界，只要哇哇大哭，就会有人赶来喂奶和换尿片。

然而，这个幸福的村庄有着一个致命的隐患。

荒凉的深山里生活着一个被积极的村庄排斥在外的细菌人，他对村庄的愤恨与日俱增，虎视眈眈地积蓄着势力。他致力于开发兵器与制订恐怖计划，一旦做足准备，就会叫嚣着"给我食物！"并袭击那幸福的村庄。虽然最终面包超人会以正义之名将细菌人再次驱逐，村庄也会恢复以往的和平，可那样的幸福，始终存在着崩塌的风险。

通过这个故事，我们能窥见画有极端辅助线的心灵有着怎样的结构。

强力的极端辅助线会制造出"纯粹状态"。它会将原本广袤的灰

1　一部日本经典儿童动画。

色地带分割成黑与白两个地带，白色地带内的黑物质会被放逐，黑色地带内的白物质也会被抹去。

说不定面包超人也会有胆怯的时候，但他却不得不一直与勇气为友（交友圈单调）。说不定细菌人其实很爱干净，但他却不得不一直和霉菌生活在一起。

不仅如此，由于纯粹状态的实现借助了强硬的外力，被排斥出去的物质会出于怨念继续报复，造成没完没了的威胁。为了保持纯粹，面包超人必须一次比一次严防死守，这造成了一种循环。这样一来，双方的状态会越来越紧张，甚至可能在大战斗中同归于尽。

极端辅助线伴随着强大的排斥力。

这样一想，似乎能理解为何积极的情绪会伴随着拘束感了。

为了维持纯粹的积极，必须不断地排斥消极因素。因此，当我们与过于积极的人相处时，会感到难以呼吸。因为我们失去了可以存放消极情绪的空间。

"积极与消极"这条过于极端的辅助线急需灰色地带的介入。是黑是白，还是不要分得太过清晰为好。复杂的现实世界本就灰得深深浅浅，划分得太过分明，会使我们彻底迷失。

要想治好生病的辅助线，需要在黑与白之间制造出灰色的渐变地带。

为此，让辅助线华丽地大闹一场吧！我决定为幸福画出第二条辅助线。

请见证!

幸福究竟由什么构成?

果断地画出那条辅助线吧。

待烟雾散去,映入眼帘的是纯粹与不纯。

这两个家伙是何方神圣?

纯粹的积极与不纯粹的积极

垂直于"积极与消极"那条辅助线,进一步划分出"纯粹与不纯"吧。

于是,幸福被分成了四块。

纯粹的积极与不纯粹的积极。

纯粹的消极与不纯粹的消极。

至此,我们的幸福论不再极简,甚至显得有些复杂了。

先整体浏览一遍吧。

从两种积极情绪说起,即纯粹的积极与不纯粹的积极。

正如字面所示,纯粹的积极是充满着美好、纯度100%的积极。

请试着回想一下,纯粹的积极情绪应该不止一次造访过你的人生。

你一直暗恋的人接受了你的告白,艰苦的备考换来了第一志愿院校的录取，实现了期待已久的升职加薪，等等。这些经历即使并没有多隆重，只是小小的幸运降临，也足以带来纯粹的积极情绪，构成我们的欢喜瞬间。

那些时候的我们，无疑是幸福的。我们会忍不住想，如果能永远这么幸福就好了。

然而，幸运之所以称为幸运，正是因为它只会偶尔眷顾我们，无法长久持续。随之而来的纯粹的积极，也会一同轻飘飘地散去。

交往前那个人就像是白马王子，交往后才发现是鼻毛王子；就算进入理想的大学，原本枯燥的功课还是很枯燥。

时间的流逝，会让杂质混入纯粹的幸福中，纯粹的积极也会渐渐变成不纯粹的积极。

不纯粹的积极即"一般般的积极"。

此时，积极的心态中虽然混入了消极的杂质，但积极的基调并没有被动摇，因此称为不纯粹的积极。当然，也可以更浅显地称其为"恰到好处的积极"。

例如，男朋友虽然是鼻毛王子，为人啬又散漫，可他大部分时候都是温柔的，也很珍惜你，偶尔也有帅的时候。这种男朋友，就是不纯粹的王子。

或许这种不纯粹的积极，才是托尔斯泰那句"幸福的家庭总是相似的"中的幸福——平凡、复杂又恰到好处。

上文中，我们一共讨论了两种幸福。

一种是绝对的幸福，另一种是恰到好处的幸福。

不可忽视的是，前者相较后者，因积极情绪的浓度更高，往往会让人感觉更幸福。可事实并非如此。

回想一下面包超人吧。想要实现纯粹的积极，就需要人为地排除掉所有的消极因子。绝对的幸福背后，会不可避免地凝结出纯粹的消极。

将纯粹的积极视作偶尔降临的幸运是很美好的，但如果偏执地企图使其长久地持续下去，反而会令人陷入痛苦。

无论举办了多么美妙的婚礼，第二天也会回归平凡而琐碎的日常生活。所谓婚姻，是与对方一起生活的决定，其中自然也包含了与对方的缺点相处。如果执着于两人在婚礼上梦幻的模样而无法面对现实，只会造成家庭的不幸。妄想彻底地排除生活里的消极因子，到头来只会让两人彼此怨怼。

说到这里，我们已经解答了命题①"发现积极的不幸"。

纯粹的积极，有时反而会发展成一种不幸。

▎纯粹的消极与不纯粹的消极

接下来，让我们将目光转移至消极情绪。

纯粹的消极与不纯粹的消极又分别意味着什么呢？

不难想象，纯粹的消极是纯度100%的消极。

当赌上人生的重大挑战以失败告终时，当遭到信赖的人背叛时，当生活穷困潦倒时，当饱受骚扰与威胁时，我们会陷入纯粹的消极情绪之中。

此时，我们的心被负面想法占据，只觉得前方一片漆黑，无法再信赖任何人。我们会认为自己愚蠢又糟糕，已经无可救药。一旦我们被绝望吞噬，甚至会以为死才是唯一的救赎，那实在是致命级别的痛苦。

想在纯粹的消极里寻找幸福，无异于天方夜谭。

这种情况下，首先应当采取的措施就是换一个环境生活。你必须逃离那些威胁着你、伤害着你的存在。这是一切的前提。

就算确保了人身安全，也不代表纯粹的消极情绪会立即消散。与纯粹的积极相同，当排斥力开始作用时，纯粹的消极情绪会试图排除掉所有的积极因子。

不过，只要时间仍在流逝，纯粹的消极也会渐渐变得不纯。你或许会发现原本被视作敌人的那个人其实也有友善的一面，原以为一败涂地的事业其实为下一次的成功埋下了种子。

遗憾的是，当我们被纯粹的消极情绪支配时，大脑仿佛会自动屏蔽掉所有仍存的希望。即使有积极的念头冒出来，也会被我们盲目地扑灭。无论他人多么亲切地向我们搭话，我们也会偏执地想"这家伙在瞧不起我"。明明发现了其他的可能性或者选择，我们却会认定"再怎么尝试都会失败"。

我们会对希望视而不见，甚至将其当作一种威胁。这正是纯粹的消极所设下的陷阱。

当事态恶化到极致时,我们往往会将纯粹的积极视作救命稻草。

跌至谷底后,我们的思考方式会变得极端。例如搞砸工作后,我们会大胆地考虑到辞职创业,企图反败为胜;考试考砸了,那就心一横退学,说不定能开启崭新人生。我们会耽于幻想来逃避现实。

毕竟,身处一片漆黑时,照来的光亮无论多刺眼都值得庆幸。因纯粹的积极而产生的幻想,会给予我们力量对抗纯粹的消极。

但我们的人生也会因此遭遇暴风雨。

因为我们将在纯粹的积极与纯粹的消极之间反复弹跳。

上一秒还自诩天才,下一秒又觉得自己蠢得该死;上一秒还觉得男朋友是白马王子,下一秒又绝望于爱上了人渣诈骗犯;上一秒还过着最美好的人生,下一秒又过上了最可悲的人生。

这便是不再有灰色地带的黑白世界。我们如同坐着过山车一般,一种纯粹连接着另一种纯粹,一种极端连接着另一种极端,通过这种方式拼命挣扎着求生,未免太危险了。

当我们被纯粹的消极情绪吞噬时,真正需要的不是纯粹的积极情绪,而是不纯粹的消极情绪。

比起寻求刺眼的强光以一扫黑暗,我们应该做的是珍惜每一丝微弱的光。手电筒也好,远方的灯塔也好,它们终将为我们一点点地照亮黑暗。

经历了夜航之旅的我们，应该能明白这才是在黑暗中求生的正确方式。

那弱不禁风，却切切实实存在于眼前的光，正是命题②"发现消极的幸福"的解答。

不同于积极的幸福，消极的幸福只会从不纯粹的消极中诞生。

不纯粹与消极……

不管怎么想，这两个词都与"幸福"相去甚远。然而这两个词相连，居然勾勒出了另一种幸福的轮廓。

这究竟是怎么回事呢？

为了探索这个谜题，我们需要再次借助故事的力量。

因为"时间"是从纯粹的消极通往不纯粹的消极的桥梁。

时间的流动中蕴含着深奥的力量，足以孕育出不纯粹的消极。

因此，投身于时间的河流中，也就是追溯故事，能帮助我们找到斯芬克斯想要的答案。

我想，是时候告诉你达也先生的故事了。

那是与美树小姐的夜航之旅息息相关的另一个故事。

"下次什么时候见？"

让我们将时间拨回美树小姐的手机屏幕显示出这条短信的那个夜晚吧。

达也先生的夜航之旅

> 好久不见!我想分享一件超劲爆的事!谁能想到,我被姑且算是"女朋友"的人劈腿了,哈哈哈哈哈哈!

> 太离谱了。太恶心了。也就是看她可怜,我才想着扶扶贫,跟她那种丑女开始了交往。结果她居然劈腿恶心男,是不是有病?唉,怎么说,我笑得停不下来,哈哈哈哈哈哈!

把美树小姐赶出家门后,达也先生在空荡荡的房间里发起了推特。他的手指飞快地在屏幕上点击着,不经大脑地打出了一句又一句难听的话。

那是他以前在公司上班时创建的匿名账号,最初是用来说上司的坏话;辞职创业后,自然变成了用来说客户和同行的坏话;回归职员生活后,对公司和同事的谩骂也重磅回归——"没意思的破工作""那家伙脑子笨死了""没用的傻子",每当有人点赞,达也先生都会觉得很解气。

达也先生与美树小姐交往后,这个账号几乎处于停用状态。因为他想发泄在推特上的那些话得到了美树小姐的倾听。

可在那个夜晚,只有推特能容下达也先生的怒气。他久违地启动了 App,将大脑里横冲直撞的污言秽语通通敲进了屏幕里。

我像被魔鬼附身般地训了她一顿，都是为她好。生而为人，背叛是最低贱的行为。让烂人知道自己是烂人，是我作为绅士的美德。那个女人居然还哭着道歉，脑子有问题吧？有心道歉，不如一开始别做那种离谱的事！是这个道理吧哈哈！

　　说到底，人真是丑陋的生物。那家伙，除了我根本没几个人愿意搭理她，我也是大发慈悲才那么尽心尽力地对待她，结果就落得这种下场。真是不知感恩的烂人。气死了。相信别人就是倒霉的开始！注意，这是考试要考到的哈哈！

达也先生越写越来劲，脑袋里糟糕的想象完全停不下来。

他想象着美树小姐与自己不认识的人发着亲昵的信息，分享私密的情绪。那两个人在某个酒店房间里，嘲笑着一无所知的自己"真是傻子""蠢男人"。

"要疯了。我根本不了解真实的她。"

达也先生心中的美树小姐有了另一副面孔。以前的她，是一位知性、细心体贴、值得尊敬的女性；而现在的她，简直成了一只卑劣的、充满恶意的动物。

"好想杀了她。"

想到这里，达也先生发送推特的手指更是停不下来了。

又蠢又丑的女人。怎么不去死。别到处散播不幸的细菌了！

越想越恶心。有什么报仇的办法啊？逗我玩呢？不让她尝到这份屈辱，我可就亏大了。我要让她知道自己有多恶心。

达也先生在推特上漫骂了一整晚。
他找不到任何一个人，让自己可以向他倾诉自己遭遇的不幸。
这种事情，无法对任何人说。
除了像这样发泄在网上，他想不到任何一个地方，能够接纳他的心痛。

▎一塌糊涂

随后的一个月，达也先生过着一塌糊涂的生活。

他几乎泡在了酒精里，浑浑噩噩，挥霍无度。去喝酒时，他会大言不惭地教训周围的人，甚至还追求陌生女人，发生了仅限一夜的关系。

唯有那些时刻，他会短暂地感到畅快。酩酊大醉后随心所欲地搅乱一切让他感到兴奋，觉得自己还不算人人都能踩一脚的垃圾。

又来之前的烧酒酒吧喝酒啦——哈哈，狠狠地教训了口出狂言的年轻人，应该为日本社会的可持续发展做了点贡献，哈哈。

完全记不得是怎么回家的……好想吐……等等，房间里怎么有不认识的家伙？这人谁啊？酒真恐怖！不过，明天大概还会去喝，哈哈……

仅在夜里持续的兴奋与爽快会短暂地缓解达也先生的心痛。
然而，天总会亮，酒一醒，自己的世界仍然惨不忍睹。
睁开眼，是一片狼藉的单人间。喉咙干涩，双目充血，浑身散发着酒臭味。宿醉让脑袋昏昏沉沉，打开推特一看，记录在那里的是不堪入目的脏话和愚蠢的自己。

达也先生的人生一步步走向毁灭，存款一天比一天少，身体也搞坏了。最糟糕的是他还伤害到了身边的人，大家也开始对他冷眼相待，这让他感觉自己更可悲了。他将这一切都归咎于美树小姐，对她的憎恶与日俱增。

开什么玩笑！我过得这么悲惨，一想到那家伙说不定已经和别的男人逍遥自在地过起了日子，真的好想毁了她。

他的脑海中，仍然在回放那个夜晚的画面。
"下次什么时候见？"亮起的屏幕里显示的短信，出自自己口中那铺天盖地般的咒骂，美树小姐被泪水浸得湿漉漉的脸。想到这里，他会愤怒到颤抖，同时又感受到了剧烈的刺痛。他觉得自己是一文不值的脏东西，很想一死了之。

他走上街头，想要转换一下心情，结果却只觉得路上那些普普通通的情侣格外刺眼。自己仿佛成了被放逐到"普通"之外的外星人——"明明前不久，我还是其中的一员……"

某些瞬间，他也会在推特上发这样的话——

> 到最后，还是感觉被关在了同一个房间里。最初接受那份包住的工作时，那间小小宿舍……后来是倒闭的公司办公室，到现在，是这个拉着厚窗帘的房间。到处都扔着啤酒罐，又脏又乱。到最后，还是我一个人。

与母亲断了关系，与对自己有恩的上司决裂（心理诊疗也在当时终止了），赌上了人生的创业以失败告终，第一次全身心信任的女性也背叛了自己……到最后，还是孤身一人。

他将这种心情发在推特上，又趁着谁都没来得及看的时候立即删掉。他发现自己始终都只是一个自我感觉良好的傻子。

除了喝酒，他别无他法。仿佛不醉醺醺地破坏些什么，自己就要疯了。

这种绝望的日子持续了将近一个月。

是白，还是黑？

这个时期的达也先生正是被纯粹的消极情绪吞噬了。美树小姐的私密领域，摧残了他的心，导致了消极因子的入侵。

我想，对达也先生来说，美树小姐就是如此特殊的存在。

他擅自将美树小姐塑造成了一个理想化的形象。他认定了她是包容一切的存在，将个人的依存需求毫无节制地施加给了她。

或许是因为处理不了与母亲之间棘手的关系，他一直隐秘地渴望着能有一位全能的母亲照顾自己。即使已经成为大人，这个不成熟的欲望依然保留在他的内心深处，可无论是面对着上司、朋友还是心理咨询师都无法得到满足，他的人际关系也因此一再地破裂。直到遇见美树小姐，他终于拥有了一个能让他尽情释放那个欲望的对象。

恋爱是很麻烦的。说到这里你或许也会想到些什么。无论是生活中多么成熟的人，在恋爱里都会爆发幼稚的一面。

热恋时，人们会不自觉地将对方美化成理想的模样，试图满足自己内心的欲望。不难想象，这种美化会给对方带来伤害。当一方持续地向另一方索求不现实的回应，关系自然无法长远。

这种情况下，如果想继续与对方相连，必须对关系进行相应的调整。你需要撕开那个理想化的滤镜，看向真实的对方，去幻灭，去接受。这或许就是世间常说的"从喜欢到爱"。

然而，达也先生的幻灭实在是过于突然和惨烈。美树小姐的背叛在短短一夜间完全打碎了他心中那个理想的形象。美树小姐在他眼中，从理想的女性逆转成了最无情、最卑劣的恶女。

不仅如此，达也先生对自己的定位也一落千丈。原本因公司破产而丧失自信的达也先生，在与美树小姐交往后才觉得自己还不至于一文不值。遭到如此背叛，他开始认为自己作为男性低人一等，是人生输家。

那种感觉，犹如在黑白棋比赛中，自己的白棋全部被翻转成了黑棋。

他由纯粹的积极情绪坠入了纯粹的消极情绪中。

纯粹的消极情绪会让人活得像一具行尸走肉，他只能注入纯粹的积极情绪，企图驱逐纯粹的消极情绪。

他颓废度日，在推特上咒骂连连，都是为了短暂地麻痹自己的心灰意懒。

毫无疑问，强行驱逐出去的感受会卷土重来。就算在酩酊大醉的夜晚亢奋到极致，天一亮，又不得不面对苦涩的现实。

将极致的黑覆盖成极致的白，极致的黑并不会因此消失。

就像暴风雨一样。

夜航大海时，难免会遇见暴风雨。

即便如此，时间依然在向前流动。

▎再会

"我想道歉。"

某个早上睁开眼，达也先生看见了美树小姐发来的短信。

"希望你能空出时间和我见一面。"

达也先生陷入了混乱。他先是困惑，事到如今这个人还在说些什么。

大大吸了一口气后，极度的愤怒就涌上了心头。

恶心女发来了恶心的短信——！

说什么想道歉，都什么时候了，别太离谱吧——笑晕了，哈哈。

如果他对美树小姐只剩憎恶，那管她发来什么短信，通通抛到脑后就好了。只是，除了憎恶，他的心中依然存有其他的想法。

他想知道美树小姐真实的内心。

对她来说，自己究竟算什么？她对自己到底抱有怎样的感情？之前的关系，又算什么？

说到底，他的大脑依然被美树小姐占据着，自然也无法拒绝见面。

那个夜晚，美树小姐按照约定的时间，来到了达也先生一片狼藉的房间。许久未见的她，脸上没有丝毫光泽，像干枯了一般，十分憔悴。

她也觉得受伤吗？

想到这里，达也先生的胸口猛地刺痛了一下。

"我真的很抱歉伤害了你。"

美树小姐先是道歉,然后解释了给她发来短信的那个人是谁,并表示自己已经和对方完全断了来往。她做出了发自内心的道歉和诚实的坦白。

然而,那深深地伤到了达也先生。在自己所不知道的地方,美树小姐究竟做了些什么——那些他想象的诡异画面,由美树小姐亲口描述了出来。简直像一场噩梦。

最终,他还是只能用破口大骂来回击。

"再怎么道歉,你是个烂人的事实也不会改变!"

愤怒的火苗一旦点燃,就会熊熊燃烧起来。愤怒里,掺杂着兴奋与爽快。骂得越起劲,就越觉得眼前的她不可饶恕,破坏欲也越来越强烈。这样一来,仿佛可悲的不再是自己,而是眼前的这家伙,心痛也因此稍稍缓和。

"你满嘴谎言,太恶心了你这家伙!"

加害者与被害者

美树小姐沉默地忍耐着。她觉得,必须由自己接住达也先生的愤怒。她认定了这是自己应负的责任,才会在这一天站在了这里。她仔细地听着每一句咒骂,直到达也先生停止。她发现,那是他在为自己悲鸣。

想到这里,她来到了暴风雨的边际。

"拜托了,听我说。"

她有话想要传达给达也先生。

于是她说了起来。她说和达也先生相识以来有过很多快乐的经历,这是她第一次和某人交往,这段恋情曾一度是她的救赎。此外,也说了交往一段时间后,达也先生的言行里没有了对她的体贴。

"我觉得,你那段时间对我很过分。你的话伤害到了我。我其实很讨厌听那些话。"她坦白地说道,"我知道你正处于困难的时期。可是,讨厌的事就是很讨厌。"

因为自己的软弱,当时没能说出"讨厌"。也因为那份软弱,背叛了达也先生。

"你可能觉得我在自说自话。我真的很抱歉,可是,我也希望你能理解我的感受。"

达也先生没能理解。

在他听来,美树小姐完全是在说"都怪你。会变成这样,都是你的错"。于是,他的大脑开始排斥理解:"这是在说什么啊?我都痛苦成这样了,这个人还要说错在我吗?"

"开什么玩笑啊!"

达也先生的骂声破口而出,仿佛不赶紧把自己的"过错"驱逐出去,心就要毁坏掉了。所以,他任凭怒意支配自己的身心。

"你想说是我的错吗!"

他勃然大怒地在自己与美树小姐之间划出了更深的裂痕。

"我是被害者,你是加害者,先搞清楚这点吧!"

时间仿佛倒回了那个令人痛心的夜晚。达也先生持续着对美树小姐单方面的咒骂,美树小姐人生里反复出现的剧情再度上演。

不对,这次的剧本有些不一样了。正如重制版电视剧会加入一些小变化那样,这场戏的结尾也稍有不同了。

"对不起,让你气成这样。"这是美树小姐离开前所说的话,"不过,等你冷静了,我想再和你谈一次。"

美树小姐并没有任由自己被那些破坏性的话语击溃,她存活着,清楚地说出了自己想说的话。

达也先生沉默着。但是,他并没有说"不"。

▎持续见面的两人

> 太离谱了。谈了两小时,结果就是丑女把错都推给了我。气死人了……算了,先去找点啤酒喝吧!

美树小姐刚走,达也先生就发了一条这样的推特。一如往常,他零零散散地收到了几个点赞。不过,那之后他并没有出门,而是躺在又硬又凉的床上,反复咀嚼着那晚和美树小姐对峙的画面。

他不知道该怎么办。

那可真是复杂的心情。他既不想再见到美树小姐,又想再见到美树小姐。

正因如此,才会痛苦不已。

这个夜晚，对达也先生来说最煎熬的是回忆起了往日的快乐片段。

例如自己鼓励美树小姐迈出了创业的第一步，两人一起吃过的很多顿饭，还有和美树小姐的第一次旅行。两人一起去高原散了步，那也是第一次一起过夜……明明还计划了夏天要一起去国外旅行。

她再次出现在自己的房间里、自己的眼前，仿佛从深处的抽屉里将那些回忆通通抽了出来。随之涌出的还有无限的怀疑与愤恨。

"那些事究竟算什么！那个时候，还有那个时候……我居然一直傻傻地被骗。"遭受背叛的痛苦不仅侵蚀了达也先生的现在，甚至将他的过去与未来也涂成了黑色。

达也先生其实很清楚，那天夜里美树小姐所展示的诚实皆出自她的真心。正因如此，美好的回忆才会一一浮现。可那些回忆，反而将他的心撕得更破碎了。

因为他的脑海里会同时浮现出她与其他男人在一起的模样。

"下次什么时候见？"

这条短信依然刺眼地映在视野中。达也先生止不住地猜想，其实美树小姐依然和那个男人有染，两人还在一起嘲笑自己。

达也先生觉得眼前同时出现了一个好的美树小姐与一个坏的美树小姐。

"究竟哪个才是你？"

"为什么不肯承认我才是受害者啊？"

这一次，达也先生没有发泄在推特上。他仅仅是躺在床上，如梦呓般地喃喃自语。

既是白，也是黑

那个夜里，困扰着达也先生内心的难题从"是白，还是黑？"变成了"既是白，也是黑"。他的心开始长出了斑纹。原本的一片纯粹中混入了不纯粹的物质。

然而，不纯粹的出现，让他的心比之前更痛苦了。

听到这里，你也许会感觉很意外。

如果是因为纯粹的积极转向了不纯粹的积极而痛苦，那倒是很好想象。毕竟那意味着一片纯白的世界掺杂了黑色，当然会感到抗拒。

然而，由纯粹的消极转向不纯粹的消极，是消极的情绪里混入了积极的情绪，那应该会感到更轻松才对吧。可惜，事实并非如此。

一颗心容纳着两种完全对立的情感，是极其煎熬的。

美树小姐究竟是好人，还是恶人？

如果她是好人，达也先生就能安心地继续爱她；如果她是恶人，也只需要一心恨她就好。可如今身为好人的她与身为恶人的她同时存在，达也先生只能束手无策地被卷进爱与恨的漩涡。

在爱着美树小姐的同时恨她，比单纯地恨她要痛苦多了。

一边把美树小姐视作理想的女性，一边又忍不住觉得她是最丑恶的人，比单纯地鄙视她要辛苦多了。

比起胆战心惊地去靠近一个亦正亦邪的人，显然是集中火力攻击纯粹的恶人要轻松得多。

因此，一旦"既是白，也是黑"的想法冒出头，心就会自行运作，试图唤回之前"是白，还是黑？"的状态。

达也先生疼痛的心乱成了一团麻。

最大的问题在于，他该将布满斑纹的美树小姐放在哪个位置上。

相信人性

与美树小姐再次见面后，达也先生的生活终于有了起色。他开始一点点地恢复工作能力。

以前的他对公司抱有强烈的不满，就算再怎么从好的方面看，他也实在算不上是一个好员工。谁能想到，现在公司居然成了他的救命稻草。

每天早上，他会按规定的时间来到公司，然后写代码、填写付款通知单、回邮件。处理当下的工作时，他会觉得每一分每一秒都切切实实地在流动，也不必去思考"是白，还是黑？"。私生活中狼狈不堪的自己也一样能履行工作职责并拿出相应的成果，这无疑是一剂强心针。

开始认真对待工作后，公司同事们对他的评价也变好了。以前大家总觉得他心高气傲，会不自觉地远离他。而现在的达也先生已经能够很融洽地与上司和同事相处了。

他还交到了能一起去喝酒的朋友。

渐渐地，他的酗酒行为得到了控制，也不会再出言不逊地伤害其他人了。因为孤独感有所缓解，生活又重新步入了正轨。

这正是"劳动"支撑起了"爱"，"共享"支撑起了"私密"。

在这种生活状态下，达也先生与美树小姐保持着每月一到两次的见面频率。

每次见面，都是痛苦的时间。因为话题总会触碰到达也先生的伤口，而他还无法忍受那样的疼痛。

他一次又一次地愤怒到发抖，接着又重复不堪入耳的咒骂。对于那样的自己，他打心眼里感到了厌烦。

> 我究竟在干吗？每一次，每一次，见了面又是一样的结果。真是浪费时间。和这种女人，赶紧断得干干净净不好吗？

已经数不清是第几次在推特上发这种牢骚。发完了，下一次还是一样会见面，然后又经历相似的痛苦时间。

说到底，最初的问题依然没有答案。

是白，还是黑？可以相信她吗？还是绝不能相信她？

这种状况持续了近半年。达也先生始终在纠结同一个问题，在劳动与爱之间来来回回。慢慢地，他累了。

可是，依旧不知道该怎么办才好。

唉，相信人性，本就是一个艰难无比的决定。

相信并修复与他人一度破裂的关系，更是难上加难。

人不像幻想中的神那样拥有无限的力量，人充满了局限性。相信他人，谈何容易。

不同于电影或是电视剧，现实里的人际关系充满了纠葛，也不存在标准的解决方案。

人们拥有的只有不起眼却不断流动的时间。

不过，也只有时间能给予人们重拾信任的力量。

想不通的事、充满矛盾的事、绝对无法原谅的事……这些借助逻辑思维无法找到答案的难题，唯有绵长的时间才能化解。

那些看似毫无意义的时间，其实一直在达也先生的内心深处悄悄地实施治疗。

他的心境，其实已经有了微不可察的变化。

某一天，就好像瓜熟蒂落一样，心结会自然解开。在此之前，需要耐心地花费时间与难题共处。

直到白与黑交融着变成灰色。

达也先生的世界，瞬间变得明朗了。

不纯粹的消极终于露面了。

▌灰色的她

那是某个星期五的夜晚。结束了与同事之间的酒局后，达也先生从池袋站坐上了山手线，在电车内看起了自己的推特。

傍晚时碎碎念般写下的工作小段子罕见地收获了不少转发，算是在小范围内传播了起来。这种感觉有点像成了程序员网红，达也先生不禁有些开心。

夜里十一点后的电车很拥挤，刚应付完各种饭局酒局的人们在其中挤来挤去。达也先生幸运地找到了一个座位，他沉浸在一种又舒服又疲惫的感觉中，感叹着自己"又努力地工作了一周"。

电车刚开过目白站，接下来是高田马场站。[1] 这段时间里，达也先生漫不经心地看起了电车里的各种广告，只见生发治疗的海报旁边，贴着脱毛美容院的海报。

> 多了不行，少了也不行，毛发问题真是复杂。

"要不要发条推特呢……"微醺的大脑琢磨起了如何行文，他看着脱毛美容院的海报上面带笑容的女模特，忽然想起了一件事。有段时间，美树小姐很认真地在考虑要不要办脱毛的会员卡。得知此事的达也先生取笑她说："嗯，你的毛确实蛮浓密的。"

回忆里，类似的片段数不胜数。

> 我取笑她，她闹别扭。我道歉，她原谅。然后，我又取笑她。

---

[1] 目白站、高田马场站是东京山手线上相连的电车站，高田马场站位于早稻田大学附近。

此时回想起那些重复了一次又一次的场景，竟然涌起了怀念的心情。达也先生不禁有些悲伤。

真开心啊！那时真好……

就在这一刻，电车内的喧嚣好像瞬间消失了一般，达也先生的耳旁响起了美树小姐的声音：

"我其实很讨厌听那些话。

"我觉得，你那段时间对我很过分。"

我们那时真的"好"吗？

"下一站，新大久保。"车内响起了报站广播。他在心中，用比广播更大的声音质问起了自己：

我是不是根本没有好好对待过那家伙？

过去的画面，在脑海里回放起来。

那段时间，以副业形式起步的生意规模越来越大。达也先生开始自以为所向无敌，甚至敷衍起了本职工作。上司对此颇有微词，为了逃避与上司之间的争执，达也先生选择了辞职。

随后的一段时间，达也先生的事业发展依旧顺风顺水。他结识了几位年龄相仿的创业者，彼此帮衬着，交流也很愉快。只可惜后来公司的经营遇到了挫折,他开始忍不住对朋友们心生嫉妒。在对朋友们造成实质性伤害前,他选择了远离大家。出于无奈,他又应聘进了一家公司,回归了职员生活。对此,他只是不断悲叹怀才不遇。

是美树小姐温柔地支撑起了那时的他。可不知从什么时候起,他开始把美树小姐的付出视作理所当然,忘了感恩与回报。不仅如此,他还会用过分的话攻击她,随心所欲地使唤她。她明明很抗拒,却也会很快调整好心情,朝他露出酒店从业人员一般标准的笑容。

"下次什么时候见?"

满脸苍白的她。失去理智的我。

再次见面时,她消瘦又憔悴,却还是不得不承受枪林弹雨般的咒骂。

原来,是我一直在伤害美树吗?

我是不是以为那家伙无论受到多么过分的对待都不会受伤?我是不是一点都没有考虑过她的感受?

"我知道你正处于困难的时期。可是,讨厌的事就是很讨厌。"

怪不得我们会走到这一步。

"我是被害者,你是加害者,先搞清楚这点吧!"

不,不对。其实我也是加害者,她也是受害者吧。

是不是我太弱了，弱到无法察觉她的脆弱？直到现在，还是一样又弱又愚蠢。

"你的话伤害到了我。我其实很讨厌听那些话。"

在当时的达也先生听来，美树小姐的这句话不过是在责备他"都是你的错"。直到这一刻，他才第一次感受到其中的悲伤与控诉。

美树小姐的控诉，不是为了责备他，而是希望他能体会到自己的感受。

"你的话伤害到了我。"

我实在是太蠢了！

即使身处电车中，达也先生也几乎要落泪了。他咬紧牙关，竭力地想把眼泪憋回去。自那个夜晚以来，这种情绪还是第一次出现。

"我没能珍惜她。"对于这个事实，达也先生感到无比遗憾与悲伤。正是因为没能好好珍惜美树小姐，自己才会落到如今这种惨痛的局面。悔恨在心中翻江倒海，自己居然做出了那么多愚蠢的事，伤害了她，也伤害了身边的人。想到这里，他羞愧得无地自容。

心、胸口和眼睛深处出现了钝痛。

只不过，此刻的悲伤，对达也先生来说也是一种慰藉。

因为这份悲伤，让达也先生心中的美树小姐有了全新的模样。

在此之前，他固执地认为美树小姐要么是包容一切的完美女性，要么是卑劣的背叛之徒；要么是白，要么是黑。这也是达也先生痛苦的来源。

然而,一旦意识到她的背叛不是出于恶意,而是源于自己对她造成的伤害。眼前的世界瞬间就变得截然不同了。

美树小姐是一位普通的女性,一位脆弱却有韧性,试图与达也先生继续相连的普通女性。达也先生突然想起,她曾经说起过自己在原生家庭里受过的伤害。

自己居然伤害了那样的一个人。

白与黑相融着,让达也先生看见了灰色的她——那个真实的她。

  我太幼稚太蠢了。

达也先生悲切地想着,与此同时,也产生了新的期待。

  我虽然是笨蛋,但既然已经意识到自己是笨蛋了,今后或许能变好一点点。或许能学会如何珍惜他人。

"我想向她道歉。"达也先生的心被这个念头填满了。

  电车一到站,就打电话给她吧。不过,该怎么和她说才好呢?我能不能表达清楚呢?不知道……我可能已经犯下了无法饶恕的罪行。

还来不及整理好思绪,电车就抵达了新宿站。电车门上贴着脱毛美容院的广告，模特依旧笑靥如花。

　　不，还是明天再说吧。今天这么晚了。
　　还是想清楚再说比较好。那之后再打电话给她应该也不迟。

那一刻的记忆猝不及防地闪现在脑海里：
"下次什么时候见？"
当时的画面再次回放起来。那时胸口很痛，像疯了一样，忍不住想毁掉一切。
但现在，好像能抑制住了。

　　我应该还没搞砸一切。那之后我们也一直有见面，一直在试图寻求解决方式。我们已经走到了现在。

接着，达也先生朝夜晚的站台迈出了步伐。

▎何为消极的幸福

　　好了，让我们回到你的故事中去吧。漫长旅途的终点已经近在眼前了。
　　请试着回想一下。

被斯芬克斯问到"你幸福吗？"之后，我们就"幸福"展开了思考。

接着，我们通过辅助线划分出多种幸福后，直面了"不纯粹的消极意味着怎样的幸福"这个问题。

达也先生的故事告诉我们，不纯粹的消极的真实面目是"悲伤"。

被纯粹的消极所吞噬时，达也先生深陷苦痛之中，受到了"恶"的迫害，任凭憎恨肆意燃烧。各种消极的情绪占据了他的生活。其中，唯独悲伤没有一席之地。

所谓悲伤，是丧失重要之物时的情感。

若想使达也先生感到悲伤，需先让他意识到美树小姐是多么重要的人。然而，只要他心中的美树小姐依然是一个罪不可恕的背叛之徒和纯粹的加害者，悲伤的感情就无法涌起，取而代之的只有愤怒与憎恨。

为了让他找回悲伤，必须在"恶"中掺入"善"。"善"应当是支撑他心灵的存在，才能让他失落、悲叹、悔恨不已。

悲伤是非常不可思议的情感，确实消极，却又不仅仅是消极。

通过感到悲伤，达也先生放弃了那个由他一厢情愿塑造的理想的美树小姐，也排除了那个在他想象中无恶不作的美树小姐，最终找到了真实的美树小姐。让他的心"消化不良"的纯白与纯黑，也因悲伤相融成了灰色。

直到这时，世界才恢复了原本的复杂。现实，本就是灰色的。灰色中掺杂着白与黑，构成了暧昧不明的色彩，那才是世界真正的状态。

因此，找回悲伤的能力，会让我们的心比从前稍稍开阔、稍稍深邃一些。只有这样，我们的心才能制造出更多空间容纳稍微复杂的事物。

我想将这个空间称为"消极的幸福"。

当然，这个过程伴随着痛苦。悲伤并不好受，它会让我们的情绪跌向深谷。

不过，如果吝啬于悲伤，我们的心会变得非常简陋、狭隘、肤浅。我们会无法理解与接受眼前复杂的现实，将自己关入只剩白与黑的贫瘠世界中。

悲伤是一种充沛的情感。

悲伤包容着世界的复杂、他人的复杂与我们自身的复杂，但依然绰绰有余。

当我们能深刻地体会悲伤，即使是不断延续着消极事件的人生，也会让我们感到不虚此行。

这或许就是世间所说的"成为大人"吧。

成为大人——那正是消极的幸福的真实面目。

大人有着身为大人的气定神闲。我想用这句话来作答命题②"发现消极的幸福"。

▎"都"的意识

何为幸福？

距离答案只差一点了。

夜航之旅是为了寻找"如何活下去"而开始的旅途。而活着的终极目的就在于幸福。为了认识幸福,我们画出了"积极与消极""纯粹与不纯粹"这两条辅助线。

接着,三种幸福浮出了水面。

纯粹的积极:虽然绝对幸福,但背后隐藏着绝对不幸。

不纯粹的积极:托尔斯泰所认同的"恰到好处"的幸福。

不纯粹的消极:让世界呈现出原本的复杂,引导我们成为大人。

我一直在重申,做选择时需要具体问题具体分析。

画辅助线不是为了确立某一个部分为正确答案,而是为了让每一个部分"都"成为正确答案。

按照这个道理来说,你对幸福的需求,取决于你现在生活的环境和生活的方式。

的确,关于"积极与消极"的选择,需要具体问题具体分析。你需要的是积极的幸福还是消极的幸福,会根据你所面临的状况改变。这样想是没问题的。

但是"纯粹与不纯粹"并非如此。

我想宣布"不纯粹"获胜。

当然,我们也会期待纯粹的积极情绪伴随着时不时眷顾我们的幸运出现，还会将其作为一种遭受致命性痛苦时的紧急避难措施。那确实能起到一定效果。

即便如此，纯粹的幸福与不纯粹的幸福相比，我仍然更推荐后者。

为何我会在结尾总结时如此断定地发言？那是因为"纯粹与不纯粹"这条辅助线，与其他的辅助线是不太一样的。

这条辅助线是叠加在其他辅助线之上的深化辅助线，用于区别健康的辅助线与生病的辅助线，并对生病的辅助线进行治疗。

这条深化辅助线，会为我们弱化极端辅助线，让又粗又黑的实线转变为能用橡皮擦去的虚线。

"纯粹与不纯"这条辅助线，能叠加在我们至今画过的所有辅助线上。

> 处方与辅助线。
> 马与骑手。
> 劳动与爱。
> 共享与私密。
> 畅快感与烦闷感。
> 积极与消极。

这就是"都"的意识。

同时也是贯穿整本书的思想。

我始终在反反复复地强调这种思想。

现实世界是不纯粹的、极其复杂的。因此，我们常常会失去坐标，找不到方向。这种时候，我们会为了更加理解现实，找到前进的道路而打开手电筒——我们会画出辅助线。

那不是为了背弃现实的复杂，更不是为了让一切变得简单。划分黑白，也不是为了摒弃黑色，死守着白色不放。

因此我会坚持"都"的意识。

你应该容许自己的心里存在着各种不同的声音，耐心地花上时间去看待事物："好像不是这样，又好像不是那样……"这会让你渐渐学会如何理解并接受复杂的现实，帮助你在复杂的现实中通过"case by case"的方式找到协调各方的做法。

辅助线应该是为此而画的。

或许你会说我"太积极了"。

你会觉得我看待现实过于乐观，对现实抱有过多希望。

现实有着残酷而令人绝望的部分。现实中会发生很多糟糕的事情，来自他人的恶意更是家常便饭。我们所生活的社会里，堆积着无数根深蒂固的问题。没错，我也是这么认为的。

即便如此，我仍然认为现实是复杂的，不可以一概而论。

这个世界上生活着许许多多的人，有人会对你投来恶意，也有人会对你承受的痛苦无动于衷。

但那些人并不是全部。有人会对你抱有善意，也有人无法对你的困境视而不见。这些人，一定"都"存在于这个世界的某处。

对此，我深信不疑。

我的工作内容，是与在现实中受到伤害的患者待在一个小小的房间里，进行仅仅五十分钟的对话，然后目送他们回到现实中去。

我认为现实还是值得我们挣扎着生存下去的。

这种积极的认知，始终支撑着我应对来自临床工作的压力。这种根基上的坚信，让我顽强地坚持着这份工作，并且希望能永远地坚持下去。

因此，我得到了这样的结论：

何为幸福？

幸福是"尽量复杂地活在复杂的现实中"。

沉默

最后的准备已经就绪。现在的你，应该能够回答那尊黑白斑纹的狮身人面像的问题了。

那可真是个犯规的问题。那个问题让我们陷入了迷茫，开始怀疑："这样下去真的好吗？"

那个问题会让我们心中响起不同的声音，并促使我们与那些声音对话。

只见斯芬克斯张开了殷红的嘴巴。

"你幸福吗？"狮身人面像追问着，"你，幸福吗？"

别紧张。不用立刻说出答案。

在得到答案前，花上充分的时间思考吧。

这个问题，需要我们长久地思考。

斯芬克斯感受到了我们的沉默。它憨憨地笑了笑，接着抖动起了那巨大的身躯。

只见黑白的斑纹渐渐搅和成一团……随后，便只剩下一只灰色的蝴蝶。

蝴蝶扑扇着翅膀，朝水闸飞去了。

快追上去吧。

▎穿过水闸

划动你的小船……不，不需要划桨了。此刻小船正好顺风，水流会自然而然地将我们带往终点。

水闸向我们开放了。

好耀眼啊！

哇，是朝阳。夜航之旅的终点，是朝阳等待着我们。

眼睛渐渐习惯了光明。这是哪里？

海，海，海，目之所及都是海。

没有港口，也没有街道，更别说陆地了。

只有海。水闸的另一边依然延伸着一望无际的大海。

还有数不清的小船！

放眼望去，海面上挤挤攘攘地漂浮着无数小船。

头开始晕了。
啊啊，世界开始融化了。
海洋、朝阳还有那悠悠漂浮的小船们融为一体。
你的灰色小船和我的绿色小船也被卷入了那色彩斑斓的旋涡中。
世界被搅和在了一起。

试着闭上眼吧。

好了，请睁开眼。

你坐在灰色的沙发上，我坐在绿色的椅子上。
这里是熟悉的诊疗室。
看看窗外吧。
湛蓝的天空下，悠悠地漂浮着无数小小的房间。
大海无边无际。

后　记

付出时间

黄昏时分,下班回家的路上,我来到车站前的 Renoir 咖啡厅[1]。店内很热闹,我在角落占了一张小桌,点了杯咖啡,然后启动了笔记本电脑。正想打开一直在写的文档,手的动作却停下了。

对,今天只需要写后记了。

这三年来,我每天写写删删,删删写写,终于看见了终点。

实在是花了很长的时间。

对我来说,写这本书的经过,和夜航大海没有区别。

---

[1] 雷诺阿咖啡厅,东京连锁咖啡店。

＊

三年前,我刚出版《存在就很不容易——关于关怀与治疗的笔记》这本书时,整个人处于虚脱状态,还想着下一本书要轻轻松松地写,写得薄薄的,权当一种复健。

正是在那段时间,新潮社的岛崎惠小姐来到了我的工作室。我们聊到了自我启蒙书、商业书以及生活随笔。作为临床心理学的一介学者,我对这些类别的书很感兴趣,也非常爱读。

> 心与社会有着怎样的关联?在资本主义的盛行下,"小船化"——社会学中所说的"个体化"日益深度地渗透于我们的社会,心会因此患上怎样的病,又该如何治愈?

以上就是我研究的主题,"适应现代社会的生存方式"也是受欢迎的题材。本书在开头部分描写了四艘处方船各自宣传"××的活法"的画面,其实就是想到了类似的书籍。

不过,那些令人眼花缭乱的活法,究竟适合怎样的人,又不适合怎样的人?我和岛崎小姐聊到了平日里自己的所思所想,结果越聊越起劲,想到了"深度自我启蒙书"这种形式。我对交谈的内容进行了录音,并决定扩写成一本书。

写这本书时,我是有一些野心的。在本书的第三章至第五章中,我综合了社会学与临床心理学的理论对"劳动与爱""共享与私密"这两条辅助线进行了新的诠释。

"亲密性—私密关系"是人们忙于在资本世界里求生时很容易忽视的问题，也是临床工作中亟待攻克的难症。于是，我想要试着向人们发问。

本书的架构在三年前基本就已经确定了。实际上，我和岛崎小姐聊过并录音后，还以为只需要将探讨的内容转换成文字，再对文章进行一些简单的润色就好。聊聊天就能写成书，多轻松啊！这不就是复健吗？

然而，事实并非如此。

夜航之旅的入口，总会非常精妙地掩盖住艰难的信号，不让你发现。

阅读着用那种方式写出来的原稿，我只觉愕然。

我以为自己说得非常生动又有条理，可一旦写成文章，才发现自己表达得有多暧昧、多混乱，读起来索然无味。

这下糟了。

带着不祥的预感，我开始对文章进行修改，最终还是清空了文章，下定决心重写，甚至重复了好几次这个过程。

本以为只需要一些微整形，没想到接了好几根骨头，还移植了脏器，换掉了整张皮肤。

我用寓言的风格描写了夜航之旅，还在中间加入了一篇"插曲"并丰富了辅助线的种类。其中，最重要的改动当数让具体的事例贯穿了整本书。

要谈心，既需要系统的理论，也需要鲜活的故事。心具有科学性，又具有文学性，两方兼顾，才能成为一本好的心理学书。

光靠讲解，辅助线仍然是抽象枯燥的，为了赋予辅助线生命，需要美树小姐和达也先生的出场。

当然，作为心理咨询师需要遵守保密义务，不可能原原本本地将患者的故事写出来。我挑选与拼接了临床生涯里的案例，删去了会暴露本人身份的信息，仅保留了心本身的活动，以虚构的内容为载体，最终呈现了这个富有生命力的故事。

或许是因为共处了一本书的时间，我清晰地感觉到自己的心中存在着一个像他们那样活着的自己。我希望你也能有如此深切的感受。如果你也发现了自己心中的小船，并且你也听见了同样的海潮声，作为作者，我会无比荣幸。

此外，还有一个根本性的改动是文章的笔触。

最一开始，我采用的是和过去一样的写法，打算以临床心理学学者的视角来完成这本书。然而，在一番删改之后，我意识到了那样写是无法达到理想效果的。

这本书不该是学术性的，它应该提供更多的实践参考。这本书面向的是正在夜航大海的读者，比起作为学者居高临下地讲道理，我更想作为一位心理咨询师守在读者身边，和读者一起思考与探讨。

为此，我需要使用不同的语调。我应该让措辞更柔和与简明，避免拐弯抹角，直接且逻辑清晰地推进叙述。我需要将作为心理咨询师时惯用的说话方式用进文章里。

这非常难,我好几次都差点迷失方向。写了又写,还是觉得不够好,却又束手无策。那构成了我的一个个不眠之夜。

作为心理咨询师,写给苦恼中的人——目睹前辈们做这件事时,我总觉得很轻松,直到自己实践,终于切身地体会到其中的困难重重。

即便如此,我也不能放弃。我已经是一名骨干级的心理咨询师,不能逃避应承担的责任,我必须掌握书写这种文章的能力。

就结果而言,或许我必须付出这么多的时间,才能成为合格的"中坚力量"心理咨询师吧。

幸好,我的身边也有辅助船。

与心理咨询师山崎孝明先生、堀川聪司先生以及精神科医师熊仓阳介先生之间的共享关系,支撑着我完成了这次写作。

此外,编辑们也付出了非常大的努力。我本就是写书时非常依赖编辑的类型,这次更是得到了前所未有的协助。

岛崎小姐以及中途加入本书策划的堀口晴正先生在我的原稿上写下了密密麻麻的建议与感想。我认真汲取了他们的所有提议,重新组织语言,再将其反映于书面。就这样重复了不知道多少遍,以往的文风才慢慢淡去,这本书终于呈现出了崭新的面貌。

如果是孤身一人,我想我早就放弃了。我深深地感谢陪伴我经历漫长考验的辅助船们。

*

不知不觉，窗外的天已经暗了，咖啡也早就凉了。

啊，真是花了好长一段时间。

不过，夜航之旅的本质就是耐心地付出时间，所以，我感到很庆幸。

心在一瞬间骤变是很危险的，还是随时间一点一点变化比较健康。

从这个角度来说，写作与阅读都需要付出相应时间的书籍，是一种很棒的东西吧。

好，就此结束吧。

下次，我可一定要写些"复健型作品"了。

总之，先买好单，离开这家店吧。

街道上，无数的小船，熙熙攘攘。

东畑开人

2022 年 1 月写于品川的人潮前

> 作者介绍

东畑开人

生于 1983 年。专攻临床心理学、精神分析、医疗人类学。

毕业于京都大学教育学部,获得京都大学大学院教育学研究科博士学位。

早前任职于精神科诊所,随后在十文字学园女子大学作为副教授执教。目前经营"白金高轮心理诊疗室"。

博士(教育学)、临床心理学家、国家注册心理咨询师。

著作有《民间医生置之一笑——何为心理治疗?》(诚信书房,2015)、《日本常见的心理疗法——指导本地特色性临床治疗的心理学与医疗人类学》(诚信书房,2017)、《存在就很不容易——关于关怀与治疗的笔记》(医学书院,2019)、《心消失去哪了?》(文艺春秋,2021)。

译作有詹姆斯·戴维斯(James Davis)所著《心理疗法家的人类学——如何培养心理专家》(监译、诚信书房,2018)。

《存在就很不容易——关于关怀与治疗的笔记》获得了第 19 届(2019 年)大佛次郎论坛奖、2020 年纪伊国书屋人文大奖。